# 城市有机生活垃圾处理新技术及应用

▲ 孔鑫 著

CHENGSHI YOUJI SHENGHUO LAJI
CHULI XINJISHU
JI YINGYONG

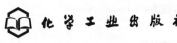

化学工业出版社

·北京·

# 内 容 提 要

本书介绍了城市生活垃圾"高压挤压预处理-厌氧消化"处理模式，并阐述了零价铁在垃圾厌氧处理中的作用。本书首先介绍了高压挤压预处理的效果及其大型装备在实际工程中的应用，随后说明了"干湿分离＋分质处理"工艺的综合环境效应评估结果。之后，本书有对零价铁在城市生活垃圾厌氧消化中的作用及其调控机制做了探讨，并阐明了零价铁对城市有机生活垃圾处理稳定性的提升效果。本书最后简述了一些常用的有机生活垃圾处理新工艺。

本书对城市有机生活垃圾处理设施运行和管理具有重要参考价值，也可以为环境工程等相关工程技术人员、科研人员及管理人员提供参考。

**图书在版编目（CIP）数据**

城市有机生活垃圾处理新技术及应用/孔鑫著 . —北京：化学工业出版社，2020.9（2023.1重印）
ISBN 978-7-122-37244-4

Ⅰ.①城…　Ⅱ.①孔…　Ⅲ.①有机垃圾-垃圾处理
Ⅳ.①X705

中国版本图书馆 CIP 数据核字（2020）第 104746 号

责任编辑：徐　娟　　　　　　　　文字编辑：邹　宁
责任校对：宋　玮　　　　　　　　装帧设计：史利平

出版发行：化学工业出版社（北京市东城区青年湖南街 13 号　邮政编码 100011）
印　　装：河北鑫兆源印刷有限公司
710mm×1000mm　1/16　印张 10　彩插 2　字数 191 千字　2023 年 1 月北京第 1 版第 2 次印刷

购书咨询：010-64518888　　　　　　售后服务：010-64518899
网　　址：http://www.cip.com.cn
凡购买本书，如有缺损质量问题，本社销售中心负责调换。

定　　价：73.00 元

# 前　言

随着我国城镇居民对居住环境和生活品质要求的提升，生活垃圾处理成为城市环境治理的重要关注领域。垃圾分类，尤其是将易生物降解的有机生活垃圾（湿垃圾）和难降解的可燃垃圾（干垃圾）分开，是城市生活垃圾处理系统高效运行的保障。尽管我国许多城市已经着手推进生活垃圾分类工作，但目前除上海、北京、深圳等个别经济发达城市外，多数城市的垃圾分类工作还处于政策制定和小区试点阶段，大部分生活垃圾仍处于混合收运和处理的现状。因此，如何能够将有机生活垃圾从混合垃圾中有效分离，并对其进行高效处理已经成为城市生活垃圾处理系统优化的关键环节。

本书重点介绍了"生活垃圾高压挤压预处理-有机生活垃圾厌氧消化"这一处理模式，该模式利用高压挤压机械预处理的方式，将易降解的有机生活垃圾和难降解的可燃垃圾分开，然后分别进行生化处理和热处理；针对预处理加速物料水解酸化进程，使得有机垃圾在厌氧消化中易出现由于"过酸化"而抑制正常产沼的现象，提出了投加零价铁予以缓解或消除的技术方案。本书一方面从工程应用角度出发，对高压挤压预处理的工艺原理、工程实例进行概述，并利用生命周期清单分析的方法从不同角度对比该模式同其他生活垃圾处理方式的优劣；另一方面，从学术研究角度分析了高压挤压设备对混合生活垃圾的分离效率，分别使用模拟有机生活垃圾和实际有机生活垃圾作为底物进行试验，详细描述了高有机负荷运行的厌氧反应体系"过酸化"现象的表现形式，通过监测厌氧反应器运行参数和微生物群落演替规律，系统阐述了零价铁在厌氧产沼体系中的作用，提出了零价铁消除"过酸化"现象的微生物互营机制。此外，本书还对当前常用的几种有机生活垃圾处理新技术进行了简要介绍。

　　本书内容来自笔者以及课题组近年来的研究成果，具有连续性和系统性。这些研究工作先后得到了零价铁对厨余垃圾高负荷厌氧消化体系微生物互营产甲烷的调控机制（国家自然科学基金青年基金项目，编号 51908396）、生活垃圾干湿分离提质与厌氧消化关键技术及示范（国家科技支撑计划课题，编号 2014BAC02B02）和零价铁提升有机垃圾厌氧处理稳定性时对微生物互营产甲烷的调控机制（山西省应用基础研究面上青年基金项目，编号 201801D221338）的支持。此外，在本书编写过程中，受到了清华大学刘建国教授、北京环境卫生工程集团赵克博士、北京高能时代环境技术股份有限公司倪哲博士和太原理工大学岳秀萍教授、袁进教授、李亚男博士、周爱娟博士、汪素芳博士、赵博玮博士、刘吉明博士、李厚芬博士、董静博士、张永梅博士的帮助，在此表示衷心感谢。同时也要感谢研究生谢飞、李明凯、牛佳楠对书稿的校核。

　　本书对城市有机生活垃圾处理设施运行和管理具有重要参考价值，以期为环境工程等相关工程技术人员、科研人员及管理人员提供支持。

　　由于著者水平所限，难免有不足之处，祈请读者不吝赐教指正。

孔　鑫

2020 年 5 月

# 目录

# 第1章

# 绪 论

## 1.1 我国生活垃圾产生特点及其危害

城市生活垃圾（MSW）是我国城市区域中来源广泛、产生量大、环境影响显著和处理难度较高的固体废弃物。目前，我国每人每日的生活垃圾产生量约为1.0kg，其中约0.6kg产生在居民小区，剩余0.4kg产生在单位、商场、公园等地。小区产生的生活垃圾中厨余垃圾约占60%，可回收垃圾约占25%，其余垃圾（如不可回收的废纸、废塑料和竹木、陶土等）约占15%，有害垃圾主要是废旧灯管、过期药品，这类垃圾产生量较小、占比较低，但由于毒性较大，属于危险废弃物，根据相关法规要求，需进行单独处理。

由于我国居民生活和饮食习惯同西方国家存在较大差异，厨余垃圾多以厨房边角料和残余饭菜为主，含有较高的含水率（含水率高于80%）和较低的热值（单位质量热值约为2000kJ/kg），同时有机质含量非常高（有机物约占干物质质量的95%以上），是城镇有机生活垃圾的主要组成部分。

高有机质含量的生活垃圾随意堆放，不进行有效处理时，极易产生大量恶臭物质和渗滤液等有害污染物，对周边空气、水体和土壤造成一定程度污染；特别是有机物在自然环境中腐败变质，导致蚊蝇滋生、各种病原微生物大量繁殖，对周边居民的身心健康造成极大威胁。历史上，因城市生活垃圾不能得到有效清理，导致发生过多次大规模流行疾病，其中，爆发于14世纪40～50年代，使欧洲人口数量骤减1/3的黑死病，就是由于当时缺乏完善的污水和生活垃圾处理设施，使得鼠疫杆菌、霍乱弧菌等病原肆虐而引起。

随着社会的发展、科学水平的进步和人们对疾病预防观念的增强，人类对生活垃圾的态度也从最初的无视和随意丢弃改进成为采用一些简单、粗放的处理方式，如浅坑填埋或露天焚烧，这种方式尽管在一定程度上实现了生活垃圾的减量和对病原微生物的消除，但由于城市规模不断扩张，这种不科学的处理方式同时带来了更多环境风险问题。例如，生活垃圾填埋过程中如果不做好防渗措施，产生的渗滤液会对地下水造成严重污染。对生活垃圾的无序焚烧过程又会产生大量的二噁英等致癌物质。因此，如何对生活垃圾，特别是有机生活垃圾进行有效管控和处理，是我国实现"绿水青山、白云蓝天"这一梦想的关键，同时也是提高人民生活质量、维护人民身体健康的重要保障。

## 1.2 我国生活垃圾收运及处理现状

### 1.2.1 生活垃圾收运现状

随着我国城市化进程的加快、生活垃圾收运体系的不断完善，城市生活垃圾的收运量逐年增加。据中华人民共和国国家统计局 2019 年统计年鉴统计，2018 年我国生活垃圾年清运量达到 2.28 亿吨，较 2017 年（2.15 亿吨）提高 6%[1]。

我国的城市生活垃圾一直以来以混合收运方式为主，尽管这种方式简单易操作，极大方便了垃圾产出者，同时可以不受时间和地点限制，随时投放垃圾，但是却增加了后续垃圾处理难度。随着我国社会的进步，人们环境意识的增强，我国政府开始倡导居民进行生活垃圾源头分类，并从 2000 年开始在北京、上海、广州、深圳等 8 个城市开始试点工作，但由于我国人均居住面积小，分类操作不方便等客观因素，这项工作难以推进、维系。到 2008 年，大部分试点城市未取得良好的效果，故而取消了垃圾分类收集。

但是，随着垃圾数量不断地增多，传统的混合垃圾处理模式越来越显现出处理效率低下、处理成本增加、对环境污染的控制难度加大等问题，鉴于此，习近平总书记在党的十九大报告中强调"普遍推行垃圾分类制度，关系 13 亿多人生活环境改善，关系垃圾能不能减量化、资源化、无害化处理"。从 2017 年至 2019 年底，国务院办公厅、国家发展和改革委员会、住房和城乡建设部以及各级地方政府出台了一系列政策法规，多措并举推进生活垃圾分类工作。目前，已经确定的 46 个重点城市的分类投放、分类收集、分类运输、分类处理这一全链条的生活垃圾处理系统正在逐步建立，预计 2020 年年底左右可以基本建成，而在上海、北京、深圳等超大发达城市，小区内的生活垃圾强制分类投放制度也已经开始执行，居民对生活垃圾分类工作从不理解到逐步接受，再到积极配合和准确投放。

对于生活垃圾怎么分类、如何投放，在参考发达国家成功经验的基础上，结合我国实际国情，在前期，不同城市分别进行了二分类法（厨余垃圾与其他垃圾）、三分类法（厨余垃圾、可回收垃圾与其他垃圾）和四分类法（厨余垃圾、可回收垃圾、有害垃圾和其他垃圾）的试点。这几种分类方法的目标均是"干湿分离"，即将厨余垃圾单独分开、单独处理。经过一定时间的探索，四分类法由于分类后不同垃圾可采用更具针对性的工艺，同时也对环境更加友好，被越来越多的城市采用。但是在实现生活垃圾源头分类后，垃圾的后续管理上仍存在一些问题亟待解决和优化，如现有垃圾中转站需同样按分类要求扩建、目前垃圾源头分类人力和物力成本较高等。

此外，一些城市还开展了针对厨余垃圾源头沥水减量提质的试点。以苏州市为例，在试点小区为居民配发带有网眼的塑料筐，鼓励居民将剩菜剩汤以及食材中不能食用的部分倒入筐中，进行简单沥水，沥水后的残渣倒入厨余垃圾桶中。这种方式操作较为简单，取得了良好的效果，一方面减少了生活垃圾的总产生量，另一方面，沥水后垃圾的热值明显提升，即使混合垃圾进行焚烧处置，也会很大程度减少燃料的添加。

总体而言，我国生活垃圾分类体系尚在不断完善，特别是二线及以下城市的生活垃圾分类效果尚不尽如人意，垃圾收运体系建设不完善、处理设施运行效率较低、处理过程中的污染控制水平有待进一步提升。

### 1.2.2　卫生填埋

截至 2018 年，我国共有生活垃圾无害化处理厂 1013 座，2.1 亿吨生活垃圾得以无害化处理，无害化处理率达到 97.7%。图 1.1 为近十年来我国城市生活垃圾处理方式格局分布及无害化率[1]。

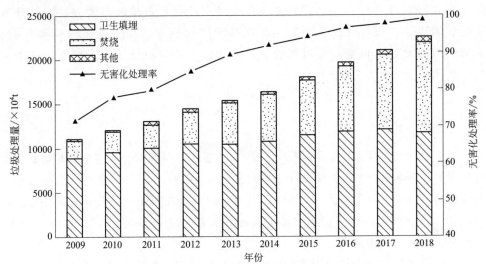

图 1.1　我国城市生活垃圾处理分布格局及无害化率（2009—2018）

从图 1.1 中可以看出，近十年来，我国城市生活垃圾的处理处置取得了的长足发展，垃圾的无害化处理率从 2009 年的 70%左右提高至 99%。尽管卫生填埋这种方式处理生活垃圾的比例在不断下降，但其仍为我国城市生活垃圾主要的处理方式之一。

卫生填埋场是在科学选址、详细规划后精心建设的一个大型"生物反应器"。基本操作方法是将固体废物铺成薄层并压实，然后在上面用土覆盖。相比于民间粗犷、不受控的"挖坑埋土"式简易填埋，卫生填埋场拥有完善的垃圾渗滤液防渗和处理体系、填埋气导排系统以及封场时的表面覆盖，从而最大程度降低填埋垃圾对地下水、地表水、土地、大气和周围人居环境的污染。我国生态环境部于 2008 年颁布了《生活垃圾填埋场污染物控制标准》（GB 16889—2008），进一步对生活垃圾填埋场建设的污染标准进行了详细的规范。

根据填埋场的内部状况和运行条件，填埋场可以分为以下几种类型：

（1）厌氧性填埋；

（2）每日覆土的厌氧性卫生填埋；

（3）底部设渗滤液集排水管的改良型厌氧性卫生填埋；

（4）设有通气、集排水装置的半好氧性填埋；

（5）强制通入空气的好氧型填埋。

卫生填埋场主要依靠内部的厌氧微生物将生活垃圾中有机组分进行降解，同时产生以沼气为主的填埋气，整个垃圾矿化过程需要几十年时间。

总体而言，卫生填埋操作简单，不需要复杂的设备，一次性建设投资小，运行费用低，同时还能回收沼气，对于土地资源丰富的地区，是一种行之有效的生活垃圾处理方式；但是，其弊端也是显而易见：占地面积大、垃圾处理效率低、有机质矿化耗时长，同时，填埋过程中会滋生大量细菌等致病微生物，无害化效果差。这也是目前填埋处理量在我国生活垃圾处理中比例逐年降低的主要原因。

### 1.2.3　焚烧

近年来垃圾焚烧处理发展迅猛，如图 1.1 显示，我国焚烧处理生活垃圾量占总处理量的比例，从 2009 年的 18.0%增长至 2015 年的 45.1%，这一增长趋势还会继续保持。在国务院印发的《"十三五"生态环境保护规划》中提出，到 2020 年，垃圾焚烧处理率达到 40%以上。如果考虑到该规划中提到的 35%的垃圾回收率，焚烧将占无害化垃圾处理量的 61.5%。

焚烧是将生活垃圾作为固体燃料送入垃圾焚烧炉炉膛中燃烧，在 800～1000℃的条件下，垃圾中的可燃组分与空气中的氧气进行化学反应，释放出热量并转化为高温的燃烧气和少量性质稳定的固态残渣。当垃圾热值足够时，垃圾焚烧厂不需要额外添加燃料，仅依靠垃圾自身的热值即可维持燃烧过程。

与传统的农村垃圾就地露天焚烧不同，这里提到的垃圾焚烧是指生活垃圾在大规模的、具有先进污染控制技术的焚烧发电厂中处理，这一燃烧过程通过严格控制焚烧温度和烟气停留时间，不仅能够极大程度降低二噁英、呋喃、多环芳烃等有毒有害物质的生成和排放，还能回收大量热能和电能，并使垃圾体积减少80%～90%，具有极大的应用前景。除了实现生活垃圾最大化减量，在高温环境下，垃圾中大量的细菌、病毒等致病微生物也被彻底消灭，同时多种恶臭物质一并分解。焚烧过程中产生的烟气，在采用除尘、脱硫脱酸等手段净化后，实现达标排放。

常用的垃圾焚烧工艺主要有三种：炉排炉技术、循环流化床技术和回转窑技术，三种技术均有各自的特点，可以根据使用城市规模、当地生活垃圾含水率和热值进行选择。例如，炉排炉能够用来焚烧热值较低、含水率较高的垃圾，同时具有燃烧稳定、飞灰量小、炉渣热灼减率低的优点，但这种炉型不宜经常性地启停锅炉，仅适合较大规模城市使用；循环流化床在保证进料均匀性的前提下，可以混烧多种废物，并能频繁启停，但这种技术飞灰产生量大，且由于高流速烟气的冲刷，使得设备使用年限较短；水泥窑协同处置生活垃圾采用的是回转窑技术，这种方式焚烧更加充分，产生的灰渣可以作为制造水泥的原料，但含水率高、热值低于5000kJ/kg 的生活垃圾不适合该技术[2]。

相比于卫生填埋，垃圾焚烧具有减量化效果好、无害化效率高、资源化收益明显等优点。但是由于前期宣传不到位，人们对垃圾焚烧的认识还是漫天浓烟、刺鼻气味以及脏乱的场景，甚至在一些网络谣言的推波助澜下，很多人将其视为"洪水猛兽"，这也导致了我国在城市垃圾焚烧厂选址、建设和运营过程中常常出现周边居民极力反对的"邻避效应"。不可否认的是，我国对于垃圾焚烧技术的研究、开发和应用起步晚，但经过 20 多年的迅速发展，我国的生活垃圾焚烧工艺和设备已经同日本、欧美等国家和地区相差无几，特别是在污染物控制方面，2014 年我国颁布的《生活垃圾焚烧污染物控制标准》(GB 18485—2014) 已经向世界上要求最为严格的欧盟标准 (2010/75/EU) 靠近，其中人们最为关注的二噁英的排放限值，两种标准相同，均为 $0.1ngTEQ/m^3$（标况）(TEQ 为国际毒性当量)，而在一些发达地区，还制定了比欧盟标准更加严格的排放标准，如深圳市的《生活垃圾处理设施运营规范》(SZDB/Z 233—2017)。因此，现今一个监管到位、运营规范、排放达标的现代化生活垃圾焚烧厂，已经不再是黑烟滚滚、漫天灰尘的代言词，更多是建设成花园式厂区，与城市融为一体（图 1.2）。很多垃圾焚烧厂还成为环保教育基地，用于向广大市民科普垃圾分类、垃圾焚烧等知识。

图 1.2　花园式生活垃圾焚烧厂

### 1.2.4　其他处理方法

除卫生填埋和焚烧外，堆肥和厌氧消化作为常见的生物处理方式，被用来处理生活垃圾中有机组分。

堆肥是通过利用自然界的微生物使堆肥物有机组分不断被降解和稳定，并最终产生一种适宜土地利用的产品。堆肥可以分为好氧堆肥和厌氧堆肥。好氧堆肥是在有氧条件下，将有机物分解为二氧化碳、水和热；厌氧堆肥是在无氧条件下将有机物分解为甲烷、二氧化碳和许多小分子中间产物，如有机酸等。

堆肥通常经历升温阶段、高温阶段和降温阶段。在不同阶段，堆肥体系中的微生物群落不断演替，微生物的代谢特征也随着发生变化。在升温阶段，堆肥中主要以中温和好氧微生物为主。好氧微生物利用堆肥中的可溶性糖类为基质旺盛繁殖，常见的微生物有无芽孢细菌，以及一些真菌和放线菌。随着温度的提高，堆肥进入高温阶段（温度升至 45℃以上），嗜热微生物逐渐成为优势菌种，这类微生物对一些复杂的有机物，如纤维素、半纤维素和蛋白质进行快速分解，同时释放出大量热量，使体系最终温度达到 60～70℃，这一温度下，绝大多数微生物会被杀死，从而实现了垃圾的无害化处置。在高温阶段的末期，堆积层内开始发生与有机物分解相对应的腐殖质形成过程，堆肥物质逐步进入稳定化状态，随后堆体开始降温。进入降温阶段后，堆体内主要剩下难降解的木质素以及在高温阶段末期形成的腐殖质，随着温度降低，嗜温菌重新成为优势微生物，对残余较难利用的有机物进一步降解，腐殖质不断增多且稳定化，此时即为堆肥的腐熟阶段[3]。通常来说，以获得优质有机肥料为目标的堆肥发酵过程一般需要 45～60d。

厌氧消化分为中温厌氧消化（35～37℃）和高温厌氧消化（53～55℃）。无论哪种厌氧反应，通常需在一个密闭的反应设施中完成，该设施一般需要绝对厌氧，氧化还原电位通常小于 -300～-200mV，通过厌氧细菌和古菌的相互协同作用，将生活垃圾中有机组分降解为小分子有机酸和氢气，并在产甲烷菌作用下，进一步产生沼气，包括甲烷和二氧化碳。产生的沼气通过净化工艺脱硫脱酸后，可以用来烧沼气锅炉，产生可以供厂区日常生活使用的热水和维持厌氧设施温度的蒸汽。

除了堆肥和厌氧消化外，机械-生物处理也是一种高效的生活垃圾处理方式，其主要处理对象是未经任何预处理的城市生活垃圾。该技术一般可以通过以下两种方式实现机械处理和生物处理的结合：一种方式是通过采用机械筛分、风选、磁选过程，将垃圾中可回收的金属和玻璃循环利用，将塑料、木片等高热值垃圾分离后进行焚烧发电或供暖，而剩余的易降解有机组分采用好氧或干式厌氧的方式进行处理；另一种方式是通过淋洗将混合生活垃圾中的有机组分最大程度地向液相中转移，然后进行湿式厌氧消化处理，剩余物质脱水后，具有较高的热值，可以直接焚烧处置。

## 1.3 有机垃圾厌氧消化产甲烷技术

### 1.3.1 厌氧消化技术发展及其优势

事实上，在有机废水处理方面，相比于以活性污泥法为代表的好氧处理技术，厌氧消化技术起源更早。早在 1776 年，Volta 就发现了湖泊、池塘和溪流底泥中可以产生未知的可燃性气体；在 1860 年，法国科学家 Mouras 发明了首座生产规模的厌氧消化系统 "Mouras" 自动净化器；1880 年，Scott Moncrieff 在 Massachusetts 污水处理试验站建设了首座厌氧滤池，首次实现了利用厌氧过程处理城市污水；到 1896 年，英国出现了第一座处理生活污水的厌氧消化池体。进入 20 世纪后，厌氧消化技术进入发展滞缓阶段，而在 1913 年，活性污泥法这一伟大的发明登上了历史舞台，并迅速、广泛地应用到城镇污水处理当中。直到 50～60 年代，McCarty 等人恢复了对厌氧滤池的研究，并将其应用在中低浓度工业废水的处理领域；70 年代后，厌氧消化技术重新焕发出活力，Lettinga 发明了竖流式厌氧污泥床反应器（UASB），并进一步观测到颗粒污泥的形成[4]。

厌氧消化技术发展大事纪年表见图 1.3。

相比于活性污泥法，厌氧消化技术能够处理浓度更高的污水，同时也可以延伸应用到有机固体废弃物，如污泥、粪便、有机生活垃圾等的处理。之所以在 20 世纪初期人们把更多的研究重点放在研发好氧污水处理系统上，一方面是由于从感官上好氧处理后出水水质无论从色度还是嗅味均优于厌氧处理方式；另一方面，相比活性污泥法，厌氧消化全过程更像一个"黑箱"，里面微

|  |  |
|---|---|
| 公元前1000年 | 亚述文明采用沼气加热洗澡水 |
| 1776年 | Volta发现底泥中产生未知可燃气体 |
| 1860年 | Mouras发明首座生产规模的厌氧消化系统 |
| 1896年 | 英国出现第一座处理生活污水的厌氧消化池 |
| 20世纪50年代 | Schroepfer开发厌氧接触反应器 |
| 20世纪60年代 | McCarty恢复对厌氧滤池的研究，将其应用在中低浓度溶解性工业废水的处理领域 |
| 1970年 | Lettinga发明UASB反应器 |
| 1973年 | Lettinga注意到颗粒污泥形成 |
| 1973年 | Lettinga团队完成EGSB前期试验 |
| 1982年 | McCarty和Bachmann等开发新型高效厌氧处理装置——厌氧折流板反应器 |
| 20世纪90年代 | Mulder等人发现厌氧氨氧化现象 |

图1.3 厌氧消化技术发展大事纪年表

生物群落及整个生物代谢过程更加复杂，使得人们在当时对其认识并不十分清楚[4]。随着一系列研究的不断深入，人们对有机物在"厌氧黑箱"中的转换途径不断有了新的认识。

## 1.3.2 厌氧产甲烷"三阶段"理论

厌氧消化处理有机生活垃圾主要包括如下三个阶段：水解酸化阶段、产氢产乙酸阶段和产甲烷阶段（图 1.4）。

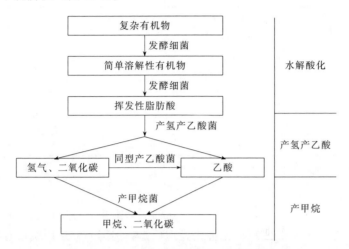

图 1.4　有机生活垃圾厌氧消化三阶段理论

在水解酸化阶段，大分子有机物，如碳水化合物、蛋白质、油脂等被发酵细菌分解为单糖、氨基酸和脂肪酸，并进一步形成小分子的挥发性脂肪酸（VFAs）[5]；在产氢产乙酸菌的作用下，VFAs 被降解为可被产甲烷菌利用的乙酸，这一过程中也有氢气和二氧化碳的生成，当同型产乙酸菌存在时，氢气和二氧化碳也会转化为乙酸[6,7]。在产甲烷阶段，嗜氢产甲烷菌将氢气和二氧化碳合成甲烷，嗜乙酸产甲烷菌利用乙酸产生甲烷。在厌氧消化中，常用氧化还原电位（ORP）反映体系的厌氧程度，一般水解发酵和产酸菌对环境因素并不敏感，而产甲烷菌对体系的 ORP 和 pH 值有着严苛的要求。通常，在水解酸化阶段，pH 值低于 4.5 左右，ORP 约 0±50mV；在产乙酸阶段，pH 值在 3.5～6.0，ORP 为 -170mV±50mV；在产甲烷阶段，pH 值为 6.7～8.0，ORP 低于 320mV[8]。

### 1.3.3　有机废弃物厌氧处理研究和应用现状简述

厌氧消化技术具有能耗低、可高负荷处理有机废物，同时可产生清洁能源等优点，在有机质垃圾处理中被广泛使用。通常，用厌氧方法处理的有机废弃物包括剩余污泥、果蔬垃圾、畜禽粪便、农作物秸秆、庭院垃圾、厨余垃圾等。处理方式从反应器的操作方式上分为批式反应器和序批式反应器；从处理物料的含固率上，处理方式可分为湿式厌氧消化和干式厌氧消化；从是否把产酸相和产甲烷相分开，处理方式可分为单相厌氧消化和两相厌氧消化。表 1.1 列出了实验室规模下厌氧反应器对不同基质的处理效果。

表 1.1  实验室规模下厌氧反应器对不同基质的处理效果

| 底物 | 含固率/% | 有机负荷/[kgVS/(m³·d)] | VS 去除率/% | CH₄ 产率/(L/kgVS) | 规模 | 文献 |
|---|---|---|---|---|---|---|
| 污泥 | 20 | 8.5 | 29 | 190 | 6L | [9] |
| FW+FVW | 20 | 0.65~10.65 | 69~72 | 121~327 | 0.55m³ | [10] |
| FW | 23 | 8.62±0.34 | 87 | 80~110 | 20L | [11] |
| 猪粪+秸秆 | 22 | 3 | — | 272 | 7L | [12] |
| 有机生活垃圾 | 20~35 | 4.84~20.46 | 86.22 | 330~340 | 5L | [13] |

注：FW 为厨余垃圾（Food Waste）；FVW 为果蔬垃圾（Fruit and Vegetable Waste）；VS 为挥发性固体（Volatile Solid）。

除实验室研究外，国内外也有一些成功的厌氧消化处理有机质废弃物的工程案例。内蒙古鄂尔多斯东胜区垃圾无害化处理厂是我国第一家采用城市有机质废弃物联合厌氧发酵工艺的垃圾无害化处理厂。该厂将化粪池中的粪便固液分离后，同厨余垃圾、生活垃圾和剩余污泥进行厌氧共消化，产生的沼气用来发电，沼渣用来制造肥料。该厂生活垃圾处理规模 400t/d，粪便 200t/d，厨余垃圾 60t/d，污泥 30t/d，每日产生沼气 6000m³[14]。黑龙江省哈尔滨市宾县建造了我国首个工业化规模的车库式生活垃圾干式厌氧发酵处理厂，该厂 2014 年投入使用，厂中共设置两条平行处理线，每条处理线有 6 座容积 400m³ 的干式厌氧反应器，日处理能力 100t 生活垃圾，产气 8000m³/d。收运来的生活垃圾经过机械和人工分选后，去除掉可回收垃圾和大块的杂质后，进入反应器进行中温发酵（37℃），容积产气率为 0.72~2.22m³/(m³·d)，甲烷产率可达 270m³CH₄/tVS[15]。德国法兰克福工业园采用中温厌氧消化工艺，协同处理园区内的有机废弃物和污水处理厂产生的剩余污泥，该厌氧消化工艺采用湿式厌氧，进料 TS（总固体含量）为 5%~7%，罐体积 11000m³，共设置两座，设计停留时间为 20d，系统产生沼气 $3×10^4$m³/d，甲烷含量 60%~65%[14]。

### 1.3.4  厌氧产酸发酵类型

在有机质的厌氧生物处理中，根据产酸阶段微生物菌群结构和液相中有机物的主要成分，可将发酵类型分为丁酸型发酵、丙酸型发酵以及乙醇型发酵三类[16]。

丁酸型发酵产物主要以丁酸和乙酸为主，二者之和占总发酵产物浓度的 70%~90%，其他 VFAs（如丙酸、戊酸）含量较低，气相产物中氢气含量较高，可达到总产气量的 12%~34%。一般而言，含有可溶性碳水化合物（如葡萄糖、淀粉、蔗糖等）的产酸发酵过程为丁酸型发酵[17]。Hu 对丁酸型发酵体系中的群落进行研究，发现当形成稳定的丁酸型发酵产物时，体系中的优势种群主要以梭状芽孢杆菌属（*C.butyricum*）为主[18]。丙酸型发酵的末段产物以丙酸、乙酸和 $CO_2$ 为主，而丁酸的产生量很少，理论上不会产生 $H_2$[19]。通常脂类、蛋白质含量较高的有机物质以及难降解的碳水化合物（如纤维素）在产酸发酵时呈现为丙酸型发酵。有研究表明，参与丙酸型发酵的主要细菌是丙酸杆菌属（*Propionibacterium*）、韦氏球菌属（*Veillonella*）。乙醇型发酵在单相厌氧消化反应器中出现较少，任南琪在两相厌氧反应器的产酸相中发现了这种发酵类型的存在[20]，这种发酵类型的特点是碳水化合物的产酸末段产物以乙醇（＞35％）、乙酸、$H_2$ 和 $CO_2$ 为主，并有少量丙酸和丁酸（＜10％）存在。当反应器中形成稳定的乙醇型发酵类型时，处理系统中的优势菌属为拟杆菌属（*Bacteroides*）、发酵单胞属（*Zymomonas*）、梭状芽孢杆菌属（*Clostridium*）和梭菌属（*Fusobacterium*）[21]。

发酵体系的酸碱度对体系中的微生物群落有很大的影响，并间接影响了反应的发酵类型，尽管产酸细菌生存的 pH 值范围很宽，在 3.5～8.0 都可生存，但最适应的酸碱条件仍然为中性（6.0～7.0）。任南琪[22]在《产酸发酵微生物生理生态学》一书中论述了不同发酵类型下反应体系的 pH 值。当 pH 值为 4.0～4.5 时，以乙醇型发酵为主；当 pH＜5.5 以及 pH＞6.0 时，体系常发生丁酸型发酵；当 pH 值在 5.5～6.0 时，往往发生丙酸型发酵。

无论丁酸型发酵还是丙酸型发酵，由于终端产物为产甲烷菌不能直接利用的丁酸或者丙酸，因此在单相反应器中，过度的发酵会导致丁酸或丙酸的积累，影响后续的产甲烷过程。在实际研究中，为了避免上述情况出现，常常把产酸相和产甲烷相分离，以提高有机废物生物处理设施的稳定性和效率。

### 1.3.5　对厌氧产甲烷过程的抑制因素

影响厌氧反应器中产酸发酵类型的生态因子很多，主要有碳氮比（C/N）、pH 值[23]、ORP、温度[24]和有机负荷[5]等，此外，对于厨余垃圾这类盐分和油脂含量较高的底物，含盐量和含油量也会较大程度影响产甲烷菌群的代谢活性。

根据产甲烷菌最大活性的最适温度，厌氧消化分为中温厌氧消化和高温厌氧消化。通常，中温厌氧反应器控制反应温度 35～37℃，高温厌氧反应器控制反应温度 55℃左右。目前，由于能耗较高等原因，高温厌氧消化的工程化应用还较少，工程上采用较多的是中温厌氧反应设施。但是，高温厌氧消化也具有中温厌氧消化难以比拟的优势。首先，嗜热产甲烷菌的代谢速率要更快，因此，可以提高系统的产甲烷能力；此外，高温条件下，有机废物无害化处理水平更高，堆放、运输过程中滋生的大量致病微生物在高温作用下失去活性甚至被杀死。

厌氧产甲菌对 pH 值的变化非常敏感，最适的 pH 值范围通常认为是 6.8～7.2，在 7～8 也可正常代谢；当发酵体系 pH 值低于 6.5 时，产甲烷菌活性会明显降低。在正常运行的厌氧反应器中，体系 pH 环境具有自主调节的能力，这是由于发酵过程中产生的 $CO_2$ 与蛋白质降解过程中产生的氨可以形成碳酸氢铵，该物质在体系中起到了缓冲作用[25]。

氨氮是影响厌氧产甲烷过程的另外一个限制性因素。在厌氧消化过程中，由于厌氧微生物的细胞增殖很少，因此只有很少量的氮被转化为细胞物质，大部分可生物降解的有机氮都被还原为消化液中的氨氮。虽然氨氮是微生物的重要氮源，而且具有一定的 pH 缓冲作用，但若其浓度过高，将会影响微生物的活性。氨氮分为游离态氨（$NH_3$）和化合态氨（$NH_4^+$），但对厌氧产甲烷菌活性产生抑制的主要是游离态氨。McCarty 等人研究发现，当游离态氨浓度达到 150mg/L，就会对厌氧消化产生完全抑制[26]。

此外，产甲烷菌对盐类较为敏感，特别是当钠盐浓度突然增加到 5g/L 时，厌氧反应器中微生物群落的稳定性会受到严重的冲击，甲烷产率逐渐降低[27]。因此，低浓度的含盐量是维持细胞内外渗透压平衡的重要保证，但高浓度的无机盐会使微生物外界渗透压升高，造成微生物酶代谢活性降低，严重时引起细胞壁分离，甚至死亡。

除了高含盐量，厨余垃圾中还含有大量的油脂，油脂本身生化产甲烷潜能很高，适量的含油量可以提升物料厌氧消化时的产气率，但是，含油量过高，会使消化速率变慢，产气周期变长，从而不利于连续式厌氧反应器的运行。

### 1.3.6 预处理工艺在厌氧消化中的应用

针对固体废弃物中某些纤维物质难以被微生物破坏、水解，使生化产气潜能降低的问题，很多研究采用物理机械法作为厌氧消化的前端预处理，以期提高物料的甲烷产率和垃圾挥发性固体（VS）去除率。常用的机械预处理手段包括：挤压（screw）[28]、超声（ultrasonic）[29,30]、破碎（crush）[31]、微波（microwave）[32]、堆放（stacking）[33]、搅拌（beating）和淋滤（milling）[34] 等。

破碎和挤压都是目前厌氧消化最为常见的预处理手段，通过减少物料粒径、加大物料和反应系统内微生物的接触面积来提高生化反应速率和甲烷产生量。挤压预处理不仅能够起到破碎垃圾、减小物料粒径的作用，还能够从微观上对物料本身的结构进行破坏，使不易水解的物质变得更容易水解[35]。Hjorth 研究了挤压预处理对不同农作物产气效果的提升[36]。研究发现，尽管在挤压过程中，物料大约有 3% 的损失，但这一过程可以使纤维素、半纤维素、木质素和蛋白质解聚，使微生物能更容易、更迅速地接近可降解成分，完成酶催化过程，从而较大程度地提高了甲烷产生量。五种农业生物质经过高压挤出预处理后，28d 产甲烷量提高了 18％～70％，90d 产甲烷量提高了 9％～28％。另外该研究还指出，挤压过程中物料温度会升高，这也一定程度影响了物料的厌氧消化性能。Chen 等分别用研磨和高压挤出两种方式对稻秆进行预处理，同时和未经过预处理稻秆的厌氧消化产气情况进行对比[35]。经过高压挤出预处理的稻秆厌氧消化效果最佳，当 I/S＝0.4（接种比为 0.4）、固体负荷为 50kg/m³ 时，甲烷产率为 227.3mL/gVS，分别比研磨预处理和未经过预处理的稻秆的产气率提高了 32.5％和 72.2％。而用扫描电镜（SEM）对高压挤出后的稻秆进行分析，发现相比未经过挤压的稻秆，挤压后的稻秆尽管有些大颗粒存在，但其表面已被分裂开来，形成更细更窄的"丝状"结构。这表明，高压挤出相比粉碎过程，不仅存在剪切作用，还有撕裂作用，从而更容易让物料"去纤维化"。

超声预处理过程可以加速水解步骤，并且能够提高污泥的厌氧消化可靠性和降低污泥的含水率，被广泛用于污泥减量化处理。但是，关于超声预处理在厨余垃圾能源化处理中的作用，研究仍较少。Elbeshbishy 和 Nakhla[37] 对比了在单相和两相厌氧消化系统中超声对厨余垃圾厌氧消化的影响。研究结果表明，经过超声处理的物料产气效果也要优于未经超声处理的物料。经过超声预处理后，VS 去除率接近 60％；而未经预处理的物料，经过厌氧消化后，VS 去除率仅为 40％。Gadhe 等[30]对大学食堂产生的厨余垃圾进行超声预处理后发现，随着 TS 的增加、预处理时间的延长，最终的氢气产量和产气速率都一定程度的提升。当 TS＝8％，超声时间 12min 时，$H_2$ 产量和产率达到最大，分别为 149mL/gVS$_{added}$（VS$_{added}$ 表示加入的挥发性固体）和 5.23mL/h。此外，该研究还表明，经过超声预处理的厨余垃圾在厌氧消化时，能够接纳更高的 TS 负荷。这样不仅可以提高产气效率，还可以节省设备的占地面积。

堆放预处理同其他机械预处理方式不同，不需有外界能源的输入，具有耗能低、操作简单、经济性好的特点。Fdez.-Guelfo 等[38]利用批式试验，研究了自然堆放预处理对有机生活垃圾厌氧消化产气效果的影响。相比未经预处理的垃圾，其甲烷产量提高了 37％。但是，江南大学阮文权课题组研究表明，尽管堆放预处理可以提高物料中有机物的溶出，但过长时间的堆放预处理反而会降低物料的产甲烷能力，这是由于溶出的有机物被自然存在的微生物降解所致[33]。

除机械预处理外，湿热水解也常被作为厌氧消化前端的预处理技术。一方面，可以实现污泥的"破壁"，促进污泥中固体有机物的溶出，使其厌氧消化性能得以改善，有机物去除率和沼气产率得到明显提升。另一方面，湿热水解常用在厨余垃圾厌氧消化的预处理，有研究表明，通过高温水解预处理，厨余垃圾中的油脂、蛋白质和碳水化合物等大分子物质会发生反应，分解成小分子有机酸，增加了厨余垃圾 VFAs 的含量，提高了厨余垃圾的可生化性[39]。Li 等在利用湿热水解预处理在去除不利于厌氧消化的厨余垃圾表面浮油的同时，有效提高了物料的甲烷产率和水解速率[40]。进一步，用 Gompertz 模型进行拟合后发现，在 120℃ 条件下，经过 15min 预处理，预处理效果最为明显。

另外，根据物料本身的性质，为提高厌氧消化对物料的处理效率，还有一些预处理手段被采用，如碱预处理[41,42]、酶预处理[43]、臭氧预处理[44] 等。

### 1.3.7　厌氧消化反应过程中微生物代谢特征研究现状

厌氧消化是通过多步复杂的生化反应实现产甲烷的过程。在每个反应阶段，不同的微生物种群在有机物的分解、VFAs 的产生和甲烷的合成中起到不同的关键性作用。在水解和产酸阶段，主要参与的微生物为水解菌、产氢产乙酸菌和少数产甲烷菌；而进入产甲烷阶段，产甲烷菌较高的代谢活性则成为维持厌氧产气体系的关键。

产甲烷菌是一类专性厌氧的微生物，由于其可利用的营养物质较少，所以生长繁殖缓慢，世代时间长。目前已发现的产甲烷菌主要有以下三种产甲烷途径。

(1) 利用 $H_2$、$CO_2$ 产甲烷

$$CO_2 + 4H_2 \longrightarrow CH_4 + 2H_2O, \Delta G = -135.6 \text{kJ/mol}$$

(2) 利用甲醇、甲酸和甲胺产甲烷

$$CH_3OH + H_2 \longrightarrow CH_4 + H_2O, \Delta G = -112.5 \text{kJ/mol}$$

(3) 利用乙酸产甲烷

$$CH_3COOH \longrightarrow CH_4 + CO_2, \Delta G = -31 \text{kJ/mol}$$

产甲烷菌形态有球状、杆状、螺旋状以及丝状，稳定运行的产甲烷厌氧消化反应器是典型的产甲烷菌富集环境，研究中常见的产甲烷菌有甲烷杆菌属 (*Methanobacterium*)、甲烷囊菌属 (*Methanoculleus*)、甲烷热杆菌属 (*Methanothermobacter*)、甲烷八叠球菌属 (*Methanosarcina*) 和甲烷鬃菌属 (*Methanosaeta*)，这些产甲烷菌都属于广古菌门 (Euryarchaeota)[45-47]。随着厌氧设施运行时间、运行工况和运行方式的改变，产甲烷体系中的优势产甲烷菌也会发生变化。关于嗜氢和嗜乙酸两种产甲烷菌在长期稳定运行的厌氧消化设施中哪种更有优势，在不同研究结论中有较大差别。Montero 等在有机生活垃圾的高温厌氧研究中发现，尽管在反应器启动初期，嗜氢产甲烷菌在反应器中丰度很高，但随着体系的稳定，将会被嗜乙酸产甲烷菌取代，嗜乙酸产甲烷菌和嗜氢产甲烷菌的量比高达 32∶7[48]。另

外，Vrieze 的研究也发现，属于嗜乙酸产甲烷菌的甲烷丝状菌科（Methanosaetaceae）除了与甲烷产量有很强的正相关性外，其丰度还会随着体系中氨氮浓度的上升而增加[49]。相反，Razaviarani 的研究却表明，两种产甲烷菌在稳定阶段发挥着同等重要的作用[50]，这种差异的形成或许同反应器运行温度、基质的水解产酸特性有关。

相比古菌群落结构，在不同的有机质废弃物厌氧处理研究中，细菌群落菌种类型和群落多样性要更加复杂，主要有厚壁菌门（Firmicutes）、拟杆菌门（Bacteroidetes）、绿弯菌门（Chloroflexi）、变形菌门（Proteobacteria）、热袍菌门（Thermotogae）、放线菌门（Actinobacteria）和广古菌门（Euryarchaeota）七类[51]。Ariesyady 等[52]分析了日本北海道 Ebetsu 市的某个生活污水处理厂中的污泥厌氧消化处理设施中的功能细菌的组成，通过 16s rRNA 测序分析，产生的 90个细菌类型的可操作分类单元（OTUs）中，24％属于变形菌门（Proteobacteria），21％属于厚壁菌门（Firmicutes），14％属于绿弯菌门。但是，在不同的研究中，由于处理对象性质的独特性、处理条件的差异性以及反应器运行稳定程度的不同，这七类细菌在反应器中的占比有很大的区别。

首先，由于不同物料所含碳水化合物、蛋白质和脂肪的比例不同，使得反应环境中优势菌类有所差异。Sundberg 等[46]对 21 个基质分别为污泥和有机废弃物（包括屠宰场废弃物、家庭废弃物、餐馆废弃物、农作物废弃物以及畜禽粪便）的厌氧处理设施中取样并分析其微生物群落差异，结果表明，在细菌方面，尽管厚壁菌门在污泥厌氧设施和有机废物厌氧设施中均处于优势地位，但该菌在后者中的相对丰度（69％）要远高于前者（25％），而另外一门细菌——拟杆菌门在两种类型处理设施中的丰度却近似，分别为 15％和 14％。Cheon 等[53]的研究也有类似的结论。

除物料因素外，反应器的运行负荷、消化温度等因素都会影响微生物的群落结构。Jang 等[54]对厨余垃圾产生的废水进行单相厌氧消化处理，并对不同反应阶段下反应器中细菌和古菌群落进行分析，结果表明，接种物（来自污水处理厂剩余污泥厌氧消化反应器）中，绿弯菌门的丰度最高，占 63.95％，其次为热袍菌门（5.56％）、变形菌门（3.63％）和拟杆菌门（3.22％），而厚壁菌门仅占 2.41％；当反应器在 $3.5kgCOD/(m^3 \cdot d)$ 负荷下运行时，绿弯菌门的丰度迅速降低至 19.38％，拟杆菌门和厚壁菌门的比例分别提升至13.37％和 8.27％；反应器运行负荷继续提升至 $7kgCOD/(m^3 \cdot d)$ 时，绿弯菌门的丰度继续降低至 7.13％，而拟杆菌门和厚壁菌门的丰度增加至 35.38％和 15.94％。王腾旭[51]探究和比较了中温与高温污泥厌氧消化体系中微生物群落的差异性。在中温条件下，产甲烷菌的丰度较高，而在高温条件下，嗜热菌和产酸菌的丰度较高。这表明高温厌氧消化反应体系更容易出现"过酸化"

现象。

这些细菌均具有独特的功能，在厌氧消化过程中发挥着重要的作用。厚壁菌门是厌氧消化中最常见的细菌类群，它包含众多的功能微生物，如梭菌属、链球菌属。其中，梭菌属是严格厌氧的细菌，在代谢碳水化合物的同时，产生乙酸、丁酸等产物[18,55]。绿弯菌门同样可以在厌氧反应器中发酵几种糖类，产生乙酸和其他短链的脂肪酸[56,57]。拟杆菌门中大多数细菌种类和厚壁菌门类似，具有水解纤维素、半纤维素和蛋白质的功能，使物料中的有机物初步分解成为可溶性物质[56,58]。另外，还有一些细菌在乙酸的形成上起到关键作用，可以将水解酸化过程中产生的丙酸、丁酸等 VFAs 进一步降解为乙酸，供嗜乙酸产甲烷菌利用，如 δ-变形菌纲（Deltaproteobacteria）、互营单胞菌属（Syntrophomonas）等[52,59,60]。

## 1.4　分子生物学技术在分析厌氧反应中微生物群落特征中的应用

### 1.4.1　FISH 技术

荧光原位杂交（Fluorescence in Situ Hybridization，FISH）技术是一种非放射性原位杂交技术。它是利用一小段（15～30bp）用荧光物质标记过的 DNA 或 RNA 序列作为探针，将其投加到环境样品中，利用样品中微生物细胞内核酸分子的碱基与探针碱基间的互补配对特性，在荧光显微镜下直接观测被检测微生物的空间分布和数量。FISH 检测一般经过如下流程：FISH 样本制备→探针制备→探针标记→杂交→荧光显微镜检测。FISH 技术具有经济性、安全性好；探针稳定，可长时间使用；试验周期短，特异性好，定位准确；操作方便，不需提取样品中微生物 DNA 等优点。FISH 技术常用来鉴定环境中特定的微生物种群，以及特定微生物种群的数量。

Meng 等[61]利用 FISH 技术对比分析了投加零价铁和未投加零价铁两种反应器中嗜丙酸细菌和同型产乙酸细菌的丰度差异，结果表明，这两种菌在零价铁反应器中的丰度明显高于未加入零价铁的反应器，从而从侧面证实了零价铁可以促进丙酸向乙酸转化的结论。Tabatabaei 等使用探针 MSMX860，通过 FISH 技术检测棕榈油厌氧消化后的沼液，发现了 *Methanosaetaceae* 和 *Methanosarcinaceae* 两种嗜乙酸产甲烷菌的存在。

FISH 技术应用的关键在于如何设计特异性强且覆盖面广的探针，对于未知的环境样品，通常将该技术与其他技术联合使用来分析样品中微生物的群落结构，如

DGGE、克隆文库等。

## 1.4.2 DGGE 技术

变性梯度凝胶电泳（Denatured Gradient Gel Electrophoresis，DGGE）技术发明于 20 世纪 80 年代，1993 年首次将其应用于环境样品分析。这项技术的依据是 DNA 的解链特性，不同碱基组成的 DNA 双螺旋变性所需的化学变性剂浓度不同，混合双链 DNA 在浓度呈线性梯度增加的变性剂中电泳时，当泳动到与 DNA 变性所需变性剂浓度一致的位置时，对应的 DNA 发生解链变性，使其迁移速率降低。利用不同 DNA 在电泳中停留的位置不同，从而达到将它们分离的目的。DGGE 对微生物群落分析一般包括三个步骤：核酸提取、16s rRNA 基因片段的 PCR 扩增和 DGGE 指纹图谱分析。由于该技术具有可重复性高和操作简单的优点，已广泛用于分析自然环境中细菌、古菌、真核微生物和病毒的生物多样性，以及调查种群结构的演替。

Zhang 等[62]利用 DGGE 技术发现以高含硫蔗糖废水为底物的厌氧反应器在加入零价铁后，其上部和底物的微生物群落存在较大的差异，硫还原过程主要发生在反应器底部，而产甲烷菌能够在反应器上部更有效地发挥作用，从而解释了含零价铁的厌氧反应器能够不受硫酸盐还原菌的影响，正常地进行厌氧产甲烷过程。Dechrugsa 等[63]应用 DGGE 技术分析了以草和猪粪为底物时的细菌群落结构，结果发现，尽管消化基质不同，但反应器中主要的细菌类型近似，均含有大量的 *Acinetobacter sp.* 和 *Halanaerobium sp.*。

但是，DGGE 技术通常只能分离碱基数较少（<500bp）的 DNA 片段，序列信息量较低，较难准确定位微生物的种类。此外，DGGE 技术只能分析有限的优势微生物类群，当样品中微生物群落结构复杂时，存在高估物种丰度和低估微生物群落大小和多样性的可能。

## 1.4.3 高通量测序技术

针对 1.4.2 中提到的 DGGE 技术固有的一些缺点，越来越多的环境研究工作者采用高通量测序（High-Throughput Sequencing）技术作为获取环境微生物群落信息的重要手段。高通量测序技术始于 2005 年 454 Life Science 公司（现已被 Roche 公司收购）推出的基于焦磷酸测序法的超高通量基因组测序系统，相对于传统的 Sanger 测序技术，高通量测序技术可以在单次反应中对数以百万计的样品进行测试，大大节省了测序时间和成本，因此又被称为第二代测序技术。目前，常用的高通量测序技术包括 ABI 公司 SOLiD 3 和 SOLiD 4 两个测序平台、Illumina 公司的 HiSeq2000、HiSeq2500 和 MiSeq 三个测序平台[64]。

相比于 DGGE 技术，高通量测序技术在分析环境样品中的微生物信息方面有不可比拟的优点。

(1) 分析样本量多、单个样品序列通量高。

(2) 更能够较为全面和准确地反映环境样品中微生物的群落结构。

(3) 可以从整体微生物群落水平上分析样本的物种多样性，并能够较为客观地反映一些丰度较低，但却具有重要功能的微生物种。

夏围围等[65]分别用高通量测序技术和 DGGE 技术对两种典型生态系统下的土壤微生物群落进行分析，发现 DGGE 技术严重低估了土壤微生物组成，而分类水平越低，高通量测序的优势越明显，在微生物门、纲、目、科、属水平上，高通量测序的灵敏度分别是 DGGE 的 3.8 倍、6.7 倍、6.4 倍、19.2 倍及 39.4 倍。

Cho 等[66]用 454 焦磷酸测序研究发现在以厨余垃圾为基质，干式中温厌氧消化反应中，经过 200d 的反应，当体系达到稳定时，产甲烷菌群落中的优势菌属从反应启动时的嗜氢产甲烷菌 *Methanosphaera* 逐渐演替为嗜乙酸产甲烷菌 *Methanosarcina*。李慧星[67]利用 Illumina MiSeq 测序平台，在属水平上分析了酒精生产废水厌氧消化产生污泥中细菌和古菌的种类及其丰度，并对他们各自的功能进行了探讨。

尽管相比于第一代 Sanger 测序，高通量测序成本已大大降低，但对于一般科研机构，测序价格仍然相对较高，因而限制了其大规模应用。

### 1.4.4 实时荧光定量 PCR 技术

实时荧光定量 PCR（Quantitative real-time PCR，q-PCR）技术是一种在 DNA 扩增反应中，以荧光化学物质测每次聚合酶链式反应（PCR）循环后产物总量的方法。具体而言，向反应体系中加入荧光基团，荧光基团产生荧光信号，并以此监测 PCR 的整个过程，最后利用标准曲线对样品中的微生物模板进行定量分析。

q-PCR 技术于 1996 年由美国 Applied Biosystems 公司发明，与 DGGE、高通量测序等技术相比，q-PCR 技术最大的特点是可以对某一类菌种进行绝对定量分析，检测其在样本中的浓度。因此，q-PCR 技术通常可以作为 DGGE、高通量测序的补充，以获得更完整的生物学信息。

Lu 等[68]对比了高含固和湿式两种污泥厌氧消化反应器的运行性能，并利用 454 高通量焦磷酸测序和 q-PCR 两种手段分析不同反应器各自的微生物特征。首先高通量测序结果表明，无论在高含固反应器还是湿式反应器中，绿弯菌门、拟杆菌门和厚壁菌门三种微生物均为优势菌，但各自的丰度有所差别。进一步对两种反应器中细菌和古菌的 q-PCR 分析结果表明，在高含固反应器中，细菌和古菌的单位质量 TS 的拷贝数远高于湿式厌氧反应器，即高含固反应器中有更高的微生物浓度，从而从生物学角度阐释高含固条件下厌氧设施具有更高 VS 去除效率和更多 VFAs 产生量的机理。Traversi[69]也应用 q-PCR 发现产甲烷菌浓度和甲烷产量有很强的正相关性。

# 第2章

# 高压挤压预处理对生活垃圾的提质效应

**2.1** **基于高压挤压预处理的一体化处理工艺**

城市生活垃圾混合收运一直是导致我国城市生活垃圾不能高效处理的关键因素，而基于垃圾分类的"投放-收运-处理"模式又难以短期内在经济发展水平欠发达城市和大部分县城进行推广。为了解决这一矛盾，北京环卫集团等环保企业研发了基于高压挤压预处理的城市生活垃圾一体化处理工艺。该工艺主要通过高压挤压设备，将高热值的可燃组分和高含水率的易生物降解组分分离，形成干、湿两部分，干组分进行焚烧或气化处理，湿组分作为基质进行厌氧消化产沼（见图 2.1）。该处理工艺的优点在于能够采用针对性的处理方式对不同性质的生活

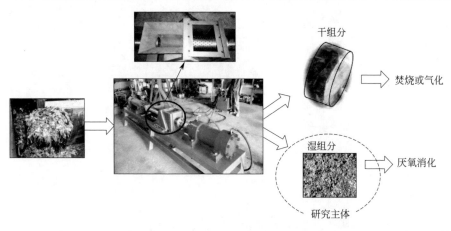

图 2.1　高压挤压小试样机模拟生活垃圾干湿分离

垃圾进行处理，避免了垃圾不同组分间相互不利的影响，提高了城市生活垃圾整体处理效率。

本章主要介绍高压挤压预处理对混合生活垃圾的分离效果以及对有机组分生化特性的影响，阐明高压挤压运行参数对有机生活垃圾的改性作用，提出可行的工艺参数，明确后续厌氧消化处理对象的特性。

## 2.2　高压挤压预处理对混合生活垃圾提质的原理

### 2.2.1　生活垃圾中典型组分的破坏强度和延展性

目前，我国城市生活垃圾的成分较为复杂，主要有厨余垃圾（包括家庭产生的厨余废弃物和饭店、食堂产生的厨余垃圾）、塑料袋、织物、竹木等难生物降解垃圾，少量灰土、玻璃、金属等无机物，此外也会混入落叶等园林废弃物。其中，家庭产生的厨余垃圾是城市有机生活垃圾的主要组成部分，如菜叶、果皮、碎肉和骨头等，因此，这部分垃圾大多数是"生的"，未含有很多油脂和盐分，但有机质含量和水分很高，适合采用厌氧消化等生化处理方式；塑料袋、织物、竹木以及大部分园林废弃物具有高热值、低含水率的特点，因此适宜采用焚烧或气化的处理方式。

由于组织结构的差异，厨余垃圾和难降解垃圾本身的物理性质存在很大差异。清华大学刘建国教授与北京环卫集团合作，在这方面进行了大量的研究，表 2.1 展示了城市生活垃圾中典型组分的破坏强度和延展性。

表 2.1　城市生活垃圾中典型组分的破坏强度和延展性[70]

| 典型组分 | 厨余组分 | | | | | | | | | | 难生物降解组分 | | | | |
|---|---|---|---|---|---|---|---|---|---|---|---|---|---|---|---|
| | 土豆 | 苹果 | 西瓜皮 | 橙子皮 | 白菜梗 | 芹菜 | 胡萝卜 | 核桃 | 猪腿骨 | 猪肉 | 纸张 | 塑料袋 | 橡胶 | 砖和瓷片 | 玻璃瓶 | 木筷 |
| 强度/MPa | 2.2 | 1.8 | 1.4 | 5.7 | 0.5 | 1.3 | 1.8 | 3.0 | 8.4 | 1.3 | — | — | 53 | 47 | 37 | 42 |
| 延展性能 | 良好 | 良好 | 良好 | 较好 | 较好 | 较好 | 良好 | 较好 | 较差 | 良好 | 较差 | 较差 | 较差 | 一般 | 一般 | 较差 |

由表 2.1 可以看出，绝大部分厨余组分具有抗压强度低、延展性能好的特点，因此在高压作用下，极易将其破碎，并且破碎后具有良好的流动性；而难生物降解组分则相反，其抗压强度高，延展性较差。因此，可根据这些物质性质上

的差异设计高压挤压预处理设备，将两类不同的垃圾组分分开，然后采用不同方式进行针对性处理。

### 2.2.2 高压挤压设备构造及其工作原理

高压挤压分离设备，内部设有带孔筛筒，由液压缸提供挤压压力，挤出过程全部在筛筒内进行。挤压机通过将足够高压力作用于城市生活垃圾，利用厨余组分低抗压强度和良好流动性的特点，使其破碎，并与混合垃圾中的渗沥液共同浆化，在挤压过程中从筛孔中流出，得到分离后的湿组分；而未被浆化的塑料、竹木、织物等高热值组分则被保留在缩小的挤压腔内，并通过高压使其进一步脱水，形成干组分，在挤压机泄压时退出，从而实现生活垃圾的干湿分离。

这一分离过程按照易降解组分所处状态，可分为三个阶段：组织破坏、挤压分离和高压挤净。在第一阶段下，压力从 0 开始增加，垃圾各组分间空隙逐渐减小至压实，各组分物理结构开始变形、厨余组分被破坏；第二阶段，当各组分被破坏和压实后，贴近筛孔且延展性较好的物质开始流出，垃圾体积持续缩小，但韧性强的塑料袋等会使破碎后的组分包裹，阻碍其流动，直至压力达到一定程度，使塑料袋破裂，易降解组分才能流出，因此，为了提高厨余垃圾的延展性能，在高压挤压分离前，生活垃圾需经过破袋、粗破碎这样的预处理；在第三阶段，破碎后的物质被高压挤净，挤净程度一方面由挤压压力决定，另一方面也与筛筒体积、筛孔形状以及垃圾组分有关。一般而言，土豆、苹果、胡萝卜等易生化的有机组分在一定压力下能够被完全挤净，而纤维较多的果皮、菜梗、落叶等废物的含水率也会明显降低，如菜梗预处理后的残余物的含水率仅为 40%～45%，完全达到焚烧或气化的要求。

本章研究采用高压挤压设备的小试样机，对模拟城市生活垃圾进行预处理，样机由北京环卫集团研制。根据易降解组分的破坏程度，挤压分离压力分为中压和高压两个压力等级。其中，中压挤压可实现绝大部分易降解组分的破坏和分离，而高压挤压可在其基础上，对难以破碎的块茎类、纤维类有机质破坏并挤出，同时实现宜燃组分脱水，进一步提高垃圾的总体分离效率。此外，在高压挤压过程中，还会对块茎类和纤维类成分进行一定程度的改性，促进有机物质从细胞中释放，以利于后续的厌氧产甲烷过程。但是，随着挤压压力的增加，对设备设计和制造材料的要求也随之提高，因此，在高压挤压机工程应用前，需进行小试试验，对不同压力下生活垃圾的分离效果、有机质溶出和水解特点进行研究，以确定合理的挤压压力。

## 2.3　试验材料与方法

### 2.3.1　试验物料特性表征方法

本章主要介绍了模拟城市生活垃圾经过高压挤压预处理后，干、湿两部分的提质效果。模拟城市生活垃圾，主要是根据北京市实际生活垃圾各组分比例的调研结果，同时兼顾实验室获得原材料的便利性进行配制。具体包括易降解的有机生活垃圾（60％蔬菜，15％果皮，15％米饭，5％豆腐，5％猪肉）、高热值但难降解组分（塑料45％，纸张40％，一次性筷子15％）以及少量无机物（金属）。其中，有机生活垃圾占总垃圾质量的55％，高热值垃圾占总垃圾质量40％，其余5％为金属。

实际生活垃圾主要取自北京市董村垃圾综合处理厂，该厂收运来的混合城市生活垃圾，经过高压挤压预处理后，产生干组分和湿组分。湿组分进行厌氧消化研究，接种物为董村生活垃圾处理厂中的厌氧消化处理设施排出的沼液，接种前，该沼液需经过72h静沉，并将上清液去除，并测定湿组分和接种物的总固体含量（TS）、挥发性固体含量（VS）。为评价预处理的分离效率，需对混合垃圾以及分离产生干组分的热值进行分析。此外，将模拟有机生活垃圾和实际有机生活垃圾经过105℃烘干、磨碎混合均匀并过200目筛后，对其元素组成和营养成分（粗蛋白、粗脂肪、粗纤维、碳水化合物）的含量进行测定。测定方法如表2.2所示。

表 2.2　物料理化指标测定方法

| 理化指标 | 测定方法 | 使用仪器 |
| --- | --- | --- |
| TS | 105℃烘干称重法 | 恒温干燥箱（虹华，DGG-9140A，中国） |
| VS | 550℃灼烧称重法 | 马弗炉（晶科，KSL-1200X，中国） |
| 热值 | 氧弹法 | 氧弹量热仪（Parr 1281，美国） |
| 元素 C、H、N | 燃烧色谱柱分离法 | 元素分析仪（EuroVector，EA3000，意大利） |
| 元素 O | 高温裂解-还原 CO 后色谱柱分离 | 元素分析仪（EuroVector，EA3000，意大利） |
| 元素 S | 燃烧法 | 定硫仪（科奥，KZDL-4C，中国） |
| 粗蛋白质 | GB 5009.5—2010 | — |
| 粗脂肪 | GB/T 5009.6—2003 | — |
| 粗纤维 | GB/T 5009.10—2003 | — |
| 碳水化合物 | GB/T 5009.8—2008 | — |

通过上述方法对模拟城市有机生活垃圾和实际城市生活垃圾经高压挤压后得到的有机垃圾（湿组分）以及接种物的各项指标进行测试，结果如表2.3所示。

表 2.3　不同实验物料与接种物的理化指标参数

| 指标 | 模拟有机生活垃圾 | 预处理后的实际有机生活垃圾 | 接种物 |
|---|---|---|---|
| TS/% | 14.4～15.5 | 22.8～24.5 | 7.1～7.3 |
| VS/%TS | 91.1～94.5 | 73.2～81.4 | 48.5～59.6 |
| 元素 C/%干基 | 41.4 | 55.1±3.2 | — |
| 元素 N/%干基 | 2.98 | 3.3±0.2 | — |
| 元素 H/%干基 | 6.22 | 8.0±0.1 | — |
| 元素 O/%干基 | 41.2 | 23.5±0.5 | — |
| 元素 S/%干基 | 0.55 | 0.52 | — |
| 碳水化合物/%干基 | 53.97 | 40.97 | — |
| 蛋白质/%干基 | 21.41 | 16.7 | — |
| 脂肪/%干基 | 6.1 | 16.3 | — |
| 粗纤维/%干基 | 7.9 | 6.34 | — |
| 灰分/%干基 | 10.7 | 19.7 | — |

总体而言，模拟有机生活垃圾和实际有机生活垃圾的 VS 含量较为相似，但不同成分所占的比例有所差异。其中，后者具有更高的脂肪含量，而碳水化合物的含量要明显低于模拟有机生活垃圾。这是由于董村生活垃圾综合处理厂除收运居民生活垃圾外，还承担朝阳区部分餐馆和学校食堂产生的厨余垃圾的处理。因此，湿组分中有较多的厨余垃圾，而这种烹饪过的"熟食"会包含大量油脂和盐分，导致脂肪和灰分的比例升高。这种原料组成上的差异，也会造成随后的厌氧处理过程中微生物代谢情况有所差异，这一点会在第 7 章中进行详细讨论。

## 2.3.2　物料产甲烷潜能测定和发酵液理化性质表征方法

全自动甲烷潜能测试系统（Automatic Methane Potential Test System，AMPTS Ⅱ）是由瑞典碧普公司研发的用来测试物料厌氧发酵时的生化产甲烷能力（Biochemical Methane Potential，BMP）的测试评估系统（图 2.2）。该系统具有内置数据存储服务器，可以在精准计量甲烷产生量的同时，自动采集、记录试验数据，操作人员可在试验进行过程中任意时段对数据进行读取，从而很大程度地减少了人员的工作量。该系统除测定 BMP 这一参数外，还可以作为批式反应器研究不同反应条件下的甲烷产生情况。

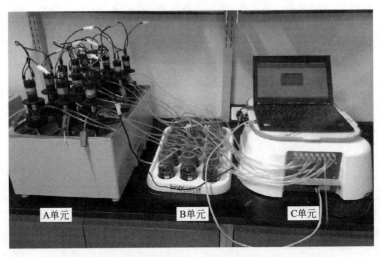

图 2.2　用于 BMP 测定的 AMPTSⅡ分析测试系统

该测试系统共包括三个单元。其中，A 单元包括 15 个有效容积 400mL（总容积 500mL），密闭性良好的厌氧反应器，置于 35℃恒温水浴锅中进行厌氧消化反应；B 单元为 15 个酸性气体吸收瓶，每个吸收瓶中装有 3mol/L 的氢氧化钠 80mL，能够将厌氧过程中产生的 $CO_2$、$H_2S$ 等酸性气体进行吸收；C 单元为产气自动记录系统，可以自动记录每批次厌氧试验中甲烷累积产量，并可以自动校准 A 单元中的顶空部分存留的甲烷体积，该单元精度为 10mL。

本部分研究即采用 AMPTSⅡ系统对不同物料的 BMP 指标和不同容积负荷下厌氧发酵的甲烷产率进行测试。测试物料的 BMP 时，根据测试系统的操作规范，基于 VS 质量的接种比（ISR）为 2，测试温度 35℃。在使用 AMPTSⅡ过程中，A 单元搅拌转速设定为 110r/min，一个搅拌周期共 180s，其中 120s 运行，60s 停止。

对于厌氧反应器产生的沼液，除分析其 pH 值、黏度、TS、VS 等理化参数外，还需对其可溶性成分的相关指标进行测定，以表征厌氧反应所处阶段和运行稳定程度。具体包括化学需氧量（SCOD）、氨氮、碱度（ALK）、VFAs 组成及各成分浓度。各指标的测试方法和使用仪器如表 2.4 所示。对可溶性成分测试前，需将沼液进行离心（10000r/min，5min），然后取上清液用 $0.45\mu m$ 滤膜过滤。VFAs 的分析方法如下：检测器选用 FID，分离柱为毛细柱（Stabliwax-DA，30m×$0.25mm×0.25\mu m$），氩气作为载气，进样口和检测器温度分别为 220℃和 250℃，柱温箱初始温度为 60℃，以 7℃/min 速度升温至 150℃，在此温度下保持 10min，再次 20℃/min 速度升温至 230℃，保持 5min，样品 pH 值在测试分析前用磷酸调至 2 以下。

表 2.4　沼液相关指标测定方法

| 液相指标 | 测试方法 | 使用仪器 |
|---|---|---|
| pH 值 | 水和废水监测方法(第四版) | pH 计(Mettler,FE20,瑞士) |
| 黏度 | 扭矩测定法 | 数字黏度计(精科天美,SNB-4,中国) |
| SCOD | 快速消解法(光度法) | COD 消解仪(连华,5B-1B,中国)<br>多参数测定仪(连华,5B-3B,中国) |
| 氨氮 | 纳什试剂光度法 | 多参数测定仪(连华,5B-3B,中国) |
| 碱度 | 酸碱中和滴定法 | — |
| VFAs | 气相色谱分析法 | 气相色谱(岛津,GC2014,日本) |

## 2.4　预处理压力对混合生活垃圾干、湿组分分离和提质作用

### 2.4.1　预处理压力对干、湿组分理化参数的影响

　　由于过高的预处理压力会导致较高的能耗,提高生活垃圾的处理成本,因此应将压力控制在适宜范围内。本研究中分别采用 5MPa、10MPa、20MPa、30MPa 和 40MPa 五种工况对模拟生活垃圾进行预处理。表 2.5 为经过不同压力预处理后,分离出的干组分 TS、低位热值以及湿组分 VS 同原始生活垃圾的对比。

表 2.5　不同预处理压力对混合垃圾的分离效率

| 预处理压力 /MPa | 干基 | | 湿基 VS /%TS |
|---|---|---|---|
| | TS/% | 低位热值/(MJ/kg) | |
| 5 | 38.9 | 5.29 | 78 |
| 10 | 48.5 | 6.21 | 79 |
| 20 | 50.6 | 11.9 | 81 |
| 30 | 56.4 | 19.4 | 77 |
| 40 | 59.4 | 18.7 | 79 |
| 原始垃圾 | 36.2(干湿混合) | 4.75~5.45(干湿混合) | 79(干湿混合) |

　　从表 2.5 中可以看出,预处理压力为 5MPa 时,干基和湿基的相关指标均与混合生活垃圾近似,这表明,此时挤压机只发挥第一阶段作用,把物料一定程度上破坏,但没有进行有效分离。鉴于此,在随后的试验中,仅对 10MPa、20MPa、30MPa 和 40MPa 四种工况进行研究。

　　随着压力的增大,干基的 TS 和热值明显上升,当压力达到 20MPa、30MPa

和 40MPa 时，高压挤压预处理对宜燃组分的分离效果十分明显，分离出的干组分 TS 比混合垃圾 TS 分别提高 39.8%、55.8% 和 64.1%，热值均达到 10MJ/kg 以上，适宜采用焚烧的处理方式。经过测算，在这五种压力下，预处理后垃圾压缩比（筛筒长度与挤压机泄压后干组分厚度的比值）分别为 5.5、7.5、8.6、10.0 和 11.1，因此，针对干组分而言，提高预处理压力不但有助于提高可燃垃圾的品质，同时有助于垃圾的减量化。预处理压力对湿基的 VS 没有明显影响，这是由于 VS 是在 550℃ 灼烧后测出的，因此，塑料等宜燃物质会对测定结果造成干扰，基于此，需要根据其他参数对湿基的分离效果进行评估。

### 2.4.2　预处理压力对湿组分中不同营养成分组成的影响

湿组分中营养成分是其后续生化处理的基础，不同的营养组成在厌氧消化反应中水解产酸类型也有所差异。图 2.3 为不同预处理压力产生的湿组分中营养成分组成和模拟有机生活垃圾中营养成分组成的对比。

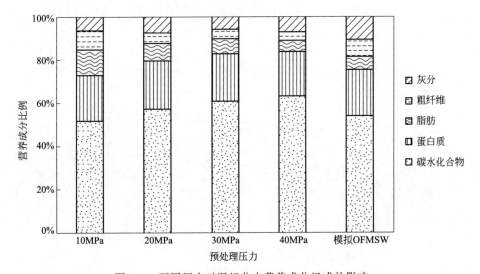

图 2.3　不同压力对湿组分中营养成分组成的影响

从图 2.3 中可以看出，10MPa 下挤出的湿组分和模拟有机生活垃圾的营养组成类似，表明 10MPa 的压力对湿组分提质效果并不明显。而随着预处理压力增高，碳水化合物所占比例不断升高，而脂肪和粗纤维的比例逐渐降低。这一方面是由于含脂肪和纤维素较高的物质具有更低的强度和良好的延展性，使这些物质在较低的压力下先流出，如表 2.1 所示，猪肉和芹菜的抗压强度都为 1.3MPa，而白菜梗仅为 0.5MPa，远低于土豆、橙子皮这些糖分较高的物质；另一方面，在较高压力下，挤压对粗纤维的"解聚"和"撕裂-去纤维化"作用更加明显[35,36]，从而导致粗纤维类含量减少。此外，灰分在预处理产生的湿组分中所占的比例要低于模拟有机生活垃圾，这表明在相同质量条件下，预处理后的湿组分和未预处理但经较好分类的厨余垃圾相比，前者可为后续生化处理提供更多有机质。

### 2.5 预处理压力对湿组分有机质溶出的影响

厌氧生化反应中，可溶性有机质是微生物利用的主要营养来源，为微生物代谢活动提供必要的能量。郭晓慧的研究表明，在厨余垃圾厌氧消化前端，还未形成水解产物时，SCOD中90%是易降解的有机质，包括碳水化合物、脂肪和蛋白质，仅有约10%是难被微生物利用的惰性物质。因此，通过研究预处理后湿组分中SCOD的溶出特性可以反映出高压挤压预处理的物理改性效果。

采用连续溶出试验，将40g湿组分放入100mL纯水中，24h后测试水中SCOD浓度，并换新水，继续溶出，直至SCOD溶出量很小（＜500mg/L）。图2.4为溶出的SCOD累积曲线。

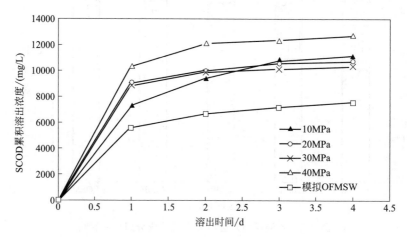

图 2.4 不同压力下湿组分中 SCOD 的溶出特性

从图2.4中可以看出，65%以上的SCOD在第一天就会被溶出，特别对于20MPa以上预处理产生的湿组分，第一天溶出量可达总溶出量85%以上；经过高压挤压预处理后的湿组分总溶出量要明显高于未经预处理的模拟有机生活垃圾的总溶出量，当预处理压力达到40MPa时，SCOD总溶出量最高。因此，高压挤压预处理可以促进垃圾中易降解的有机质从固相向液相转移，有利于加快后续的生化反应进行。

## 2.6 预处理压力对湿组分厌氧水解产酸过程的影响

### 2.6.1 预处理压力对水解产酸过程 pH 值和 SCOD 变化的影响

水解产酸过程是有机物厌氧产甲烷反应的必经阶段。本研究对不同预处理压力下所得到湿组分的水解产酸特性进行研究，并与未经过预处理的模拟有机生活垃圾的水解产酸过程进行对比分析，探究高压挤压预处理对易降解组分的厌氧产甲烷能力的提升效果。

物料与接种物以接种比为 1∶2 加入 AMPTS II 体系，并加入去离子水调整反应体系 TS 为 6%。由于厨余垃圾可生化性好，水解产酸过程短、速率快，因此在实验开始前三天，每隔 12h 进行取样分析，之后，每天进行取样分析，直至混合液中各项指标保持稳定，结束试验。每次取样量不超过 5mL，以保持反应体系的稳定。

本研究中主要对水解过程中 pH 值和 SCOD 的变化规律进行分析。图 2.5 为湿组分水解产酸过程中体系 pH 值随时间的变化。

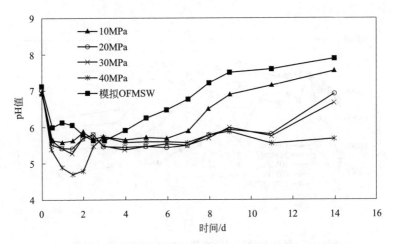

图 2.5 湿组分水解产酸过程中体系 pH 值随时间的变化

经预处理的湿组分在实验开始后的前 1~1.5 天，体系的 pH 值迅速下降，预处理压力越高，pH 值下降越显著，其中，40MPa 预处理后的湿组分在水解第 1.5 天时，pH 值仅为 4.69；由于有机质溶出速率和溶出量均较低，对照组物料水解过程的pH 值下降较预处理组缓慢，在第 2.5~3 天降至最低（5.63）。随后，预处理组 pH值经过小范围回升后，进入一个稳定酸化期，pH 值保持在 5.5 左右。稳定酸化期长短由预处理压力决定，对于对照组，经过很短的稳定酸化期后，pH 值开始逐渐回升，最终恢复到适宜产甲烷的范围，而随着高压挤压压力增大，稳定酸化期逐渐增长，10MPa 处理后的物料，在水解试验开始后第 7 天开始恢复 pH 值，而对于在 40MPa 下分离出的湿组分，直到水解试验结束，体系的 pH 值仍未开始恢复。

水解过程中 SCOD 的变化规律符合 pH 值变化特征（如图 2.6 所示）。试验开始时，由于高压挤压对物料结构的破坏作用，使预处理组 SCOD 整体上高于对照组，但随着水解过程的进行，一些难以溶出的颗粒有机物被微生物利用，形成溶解性有机物，从而使体系中 SCOD 不断上升，可以看出，预处理组比对照组率先达到 SCOD 的最高峰值。尽管不同试验组在水解酸化试验中最高 SCOD 浓度近似，都达到较高的范围（23000～25000mg/L），但根据后续 pH 值和 SCOD 的变化情况，可以推断不同试验组中形成 SCOD 的物质组成是不一样的。

在后续反应中，对照组和低预处理压力组的反应体系逐渐进入产甲烷阶段，对照组 SCOD 首先开始降低，随后分别为 10MPa、20MPa 和 30MPa 三个工况，但对于 40MPa 这一工况下产生的湿组分，在水解试验过程中一直保持较高的 SCOD 浓度，此时体系 pH 值仅为 5.68，因此判断系统出现了较为严重的过酸化现象。这证明高压挤压预处理在对混合垃圾干湿分离、破碎易降解有机质的同时，还具有促进物料水解的作用。但是，预处理压力对产酸的作用，还需进一步对 VFAs 的组成及各成分浓度进行测定。

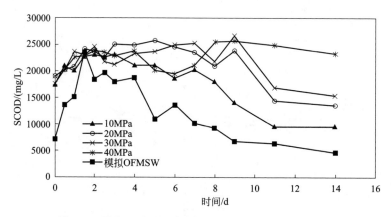

图 2.6　预处理对湿组分水解过程中 SCOD 变化的影响

### 2.6.2　预处理压力对水解产酸过程 VFAs 形成的影响

不同压力下分离的湿组分在水解酸化试验中 VFAs 的产生特征如图 2.7 所示。通常，VFAs 包括乙酸、丙酸、正丁酸、异丁酸、正戊酸和异戊酸六种，该试验中，由于异丁酸和正戊酸产量很低，因此忽略不计。

对于所有试验组，前 7 天 VFAs 均逐渐增高，表明在此期间，体系内水解产酸菌发挥主要作用。可以看出，水解产酸过程 VFAs 的产量同高压挤压预处理压力有

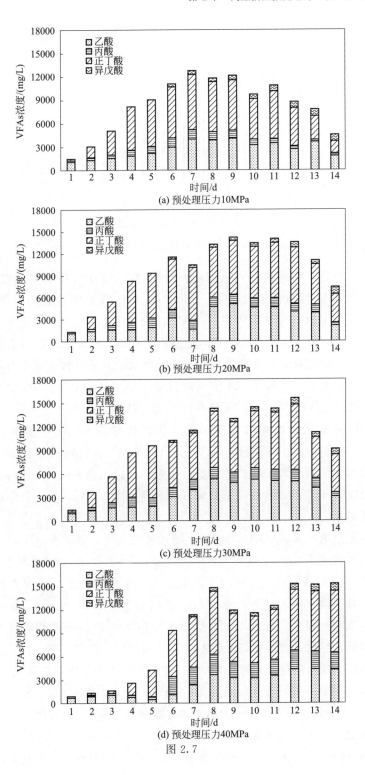

图 2.7

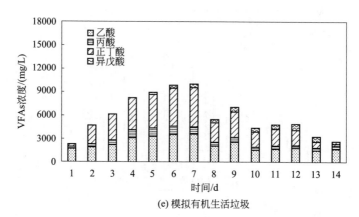

(e) 模拟有机生活垃圾

图 2.7    不同预处理压力下湿组分水解产酸过程中 VFAs 的产生特征

直接关系，预处理压力越大，VFAs 浓度峰值越高，30MPa 和 40MPa 处理条件下，总 VFAs 浓度最高可以达到 14000～15000mg/L，而未预处理的对照组最高总 VFAs 浓度仅为 10000mg/L。但是，40MPa 下产生的湿组分在本试验开始阶段，VFAs 产量要远低于其余试验组，这可能是由于在较高压力下，对混合垃圾中粗纤维类物质形成完全破坏，更多易降解组分迅速释放，从而导致大分子有机酸在短时间内大量形成，并造成了体系 pH 值下降过度（如图 2.5 所示），抑制了 VFAs 的产生。Wu 等[71]研究表明，VFAs 产生的最适 pH 值范围为 5.2～6.4，而在过低的 pH 值会使对酸敏感的糖酵解酶活性丧失，从而使 VFAs 产量降低。任南琪等[22]研究也表明，在 pH 值较低（4.0～5.0）条件下，物料产酸发酵类型主要以乙醇型发酵为主，丙酸和丁酸产量极低，一般不超过末段发酵产物的 10%，随后，伴随 pH 值的回升，40MPa 组从第 4 天开始大量产生 VFAs，并一直保持较高的浓度直至试验结束。

试验开始的第一天，VFAs 的组成主要以乙酸为主，兼有少量丙酸和丁酸，随后，丁酸浓度迅速升高，并成为 VFAs 的主体，而乙酸和丙酸浓度上升较缓慢，当达到 VFAs 浓度峰值时，丁酸浓度达到最大。丁酸的累积并不利于后续厌氧产甲烷菌的正常代谢，而乙酸为产甲烷菌所利用的重要基质之一，从本试验结果来看，当丁酸浓度达到一定程度时，在后面的反应过程中，所有类型的 VFAs 浓度不会自动降低，导致"过酸化"现象产生。本研究用丁酸和乙酸浓度的比值表示丁酸的积累程度，用水解酸化过程中最大的丁酸/乙酸值表征体系的酸化风险。其中，对照组水解过程中该值最低（1.54），而 40MPa 下产生的湿组分水解过程中该值最高（5.38）；进一步，用 Pearson 分析对预处理压力和丁酸/乙酸间的相关性进行分析，结果表明，二者之间具有很好的相关性（$r^2 = 0.901$，$p < 0.05$）。因此，经过预处理后的垃圾，在其水解和产酸性能提升的同时，厌氧体系的酸化风险也大大增

强。这一结论也可从图 2.3 中得到证实，随着预处理压力不断增加，湿组分中碳水化合物比例逐渐上升，在 40MPa 下产生的湿组分，其碳水化合物的比例高达 63.2%，较未处理的模拟有机生活垃圾和经过 10MPa 处理产生的湿组分，分别高出 9.3%和 11.5%，而之前研究结果表明，碳水化合物的产酸发酵过程的终端产物一般为丁酸和乙酸[17]。

## 2.7 预处理压力对湿组分产甲烷潜能的影响

利用 AMPTSⅡ体系，对经过 10MPa、20MPa、30MPa 和 40MPa 高压挤压预处理产生的湿组分的生化产甲烷潜能进行测定。为保证物料本身产甲烷能力充分发挥，同时避免系统产生"过酸化"现象影响甲烷的形成，根据 BMP 测试要求，将接种物和物料按接种比为 2（基于 VS 计算）加入反应体系。图 2.8 为不同压力下湿组分的 BMP，以及同模拟有机生活垃圾和模拟混合垃圾（MSW）BMP 的对比。对于模拟 MSW 中难以降解的物质，需先进行一定的处理后，再加入 AMPTSⅡ体系中，以保证这些物质不会在体系中形成缠绕，不会对易降解成分形成包裹。具体处理措施包括将塑料袋和纸张剪碎成 1～2cm 长度的细条，将木筷切成 1cm 左右的小块。

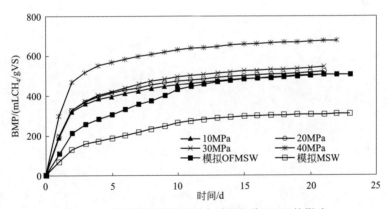

图 2.8　高压挤压预处理压力对湿组分 BMP 的影响

经过高压挤压预处理后，湿组分的产甲烷能力均高于混合 MSW 的产甲烷能力，证明高压挤压预处理对混合生活垃圾的提质作用明显，对易降解组分和难降解组分起到了很好的分离作用。尽管 10MPa、20MPa 和 30MPa 三种预处理压力下得到的湿组分的 BMP 有逐渐上升规律，但差异并不明显，10MPa、20MPa 和 30MPa 时，分离出的湿组分的最终甲烷产率分别为 503.6mLCH$_4$/gVS、520.2mLCH$_4$/gVS 和 543.4mLCH$_4$/gVS，与模拟有机生活垃圾的 BMP 接近（506.4mLCH$_4$/

gVS）。40MPa 下产生的湿组分的 BMP 要明显高于其他试验组，达到 $674mLCH_4/gVS$，并且造成该组产甲烷潜能较其余组更高的主要阶段在于产气初期。这一结果同之前的 SCOD 溶出试验和水解产酸试验结果相吻合，同样是因为高压下物料中难降解纤维组织结构破坏，使包裹的碳水化合物释放，水解速率加快，产酸量增多所致，在高接种比条件下，这些产生的 VFAs 会被微生物迅速利用、降解，并形成甲烷。

由此可见，在保证能耗控制在合理范围内的条件下，适当提高高压挤压预处理压力有利于提高干湿分离效率，同时会对易降解组分产生改性作用，提高这部分物料的产甲烷潜能。

第**3**章

# 大型高压挤压预处理装备研发及其工程应用

## 3.1 大型高压挤压装备关键技术

大型高压机械挤压装备包括能源部分、高压机械挤出部分和电控部分。其中，能源部分包括油箱系统、油温控制系统、安全控制系统、旁路循环系统、自动补油系统、出口加载系统、油液过滤系统等，如图 3.1 所示。

图 3.1 能源部分实物

油箱系统包括油箱、换气过滤器、安全阀、液位温度计、液位控制器、温度传感器、压力传感器、排液阀等。换气过滤器需保证油箱与外界进行气体交换，气体经过过滤后进入到油箱；安全阀用于保证油箱压力不超过允许的范围；液位温度计直观反映油箱内介质的数量与温度，便于检修和维护；液位控制器及时将油箱的高低液位传输给计算机，计算机根据报警情况进行相关的报警或执行相关动作；温度传感器用于监视油箱内介质的温度，通过计算机参与油温控制；压力传感器用于监视油箱内增压气体的压力，通过计算机参与油泵吸油口压力的控制；排液阀方便油箱需要清洗或更换新介质时将油箱内的介质排除干净。

油温控制系统包括油箱温度传感器、回油温度传感器、回油冷却器、回油冷却器电磁阀、水冷电机冷却水入口电磁阀。油箱温度传感器、回油温度传感器用于监视工作介质的温度，并对控制系统输出标准的模拟信号。油箱温度传感器用于实时监视油箱内介质的温度，当回油温度传感器测量值达到规定的要求时，控制系统自动开启回油冷却器电磁阀，对工作介质进行冷却，当回油温度传感器测量值低于规定值时，控制系统自动关闭回油冷却器电磁阀，降低冷却水的损耗量，系统可根据实际需求开启水冷电机冷却水电磁阀，对电机进行冷却。

系统设有各种超限报警功能，包括油箱高、低液位报警功能，油箱温度、回油温度、电机温度报警功能，并根据实际需求停止或开启相关功能工序。

旁路循环过滤系统包括电机泵组、吸油过滤器、三通阀、单向阀、电磁阀。当系统需要对油箱存储的油液进行循环过滤时，系统可启动循环过滤功能，首先将三通阀切换到旁路循环位置，系统自动启动电机泵组，油液从油箱经吸油过滤器、压力过滤器、电磁阀回到油箱。循环过滤系统能够将油箱内的工作介质过滤到 NAS9 级的洁净度等级。

自动补油系统包括电机泵组、吸油过滤器、三通阀、单向阀、电磁阀。当系统需要对油箱补油时，系统可启动自动补油功能，首先将三通阀切换到自动补油位置，系统自动启动电机泵组，油液从油液存放容器经压力过滤器过滤后，通过电磁阀进入油箱，保证补入的油液的洁净度。自动补油系统和旁路循环系统电机泵组和控制阀门是共用的。

泵源和出口动态加载装置包括电机泵组、蓄能器、吸油过滤器、单向阀、压力过滤器、手动溢流阀。系统开始工作时，启动电机泵组，调节手动溢流阀将工作介质升压到一定压力，压力油液通过单向阀和压力过滤器后供给供压设备。

图 3.2 是一个大型高压挤压装置在一个工作周期的工作流程。

除了能源部分外，大型设备的电控系统也是装置正常运转的重要保障。电控系统的设计遵循可靠性、安全性、先进性、可维护性和可操作性的原则，同时要求操作直观简单。为了实现高压机械挤压设备机组运行的逻辑控制，电控系统通常采用可编程逻辑控制器，保证每项控制功能在设定单位时间内无故障连续工作。

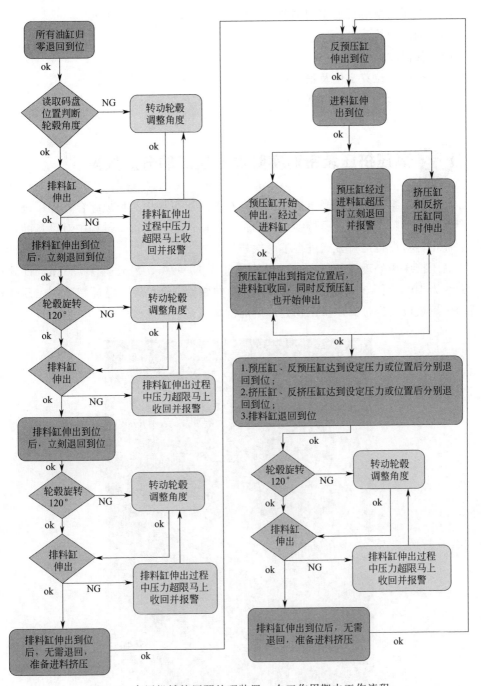

图 3.2　高压机械挤压预处理装置一个工作周期内工作流程

电控装置是高压挤压分离装置的控制核心，完成以下主要功能：

（1）挤压活塞运行位置的精确控制；

（2）挤压活塞运行速率的调节；

（3）油压力检测；

（4）油温度监测；

（5）故障点位置定位及报警；

（6）系统远程监控及数据上传。

## 3.2 高压挤压装备对实际混合垃圾的分质效果

北京环卫集团研发的高压挤压装备，在北京市董村生活垃圾综合处理厂进行了生产性实验，整个试验过程持续进行约一年半时间，并在这一过程中对设备的运行参数优化，对设备运行方式进行了两次较大改进。

高压挤压预处理设备每小时垃圾处理量为 15～16t，每天运行 7～8h，日处理能力约为 100t。图 3.3～图 3.5 分别为收运的原始混合垃圾、经过高压挤压预处理后的干垃圾以及经过高压挤压预处理后的湿垃圾。

图 3.3 原始生活垃圾

图 3.4　高压挤压预处理后的干垃圾

图 3.5　高压挤压预处理后的湿垃圾

分别对原始垃圾、干垃圾和湿垃圾中的组分进行大致识别，并对各组分称重，以干垃圾含水率、干垃圾中混合湿垃圾的比例以及湿垃圾中混入干垃圾的比例三个指标来评价该设备对混合生活垃圾的分类效果，如表 3.1 所示。

表 3.1　高压机械挤出分离试验完成指标情况

| 指标 | 处理量/(t/h) | 挤压压力/MPa | 干垃圾含水率/% | 干垃圾中宜生化有机质/% | 湿垃圾中宜燃组分/% |
| --- | --- | --- | --- | --- | --- |
| 设计参数 | ＞15 | 100 | ＜35 | ＜10 | ＜10 |
| 实际参数 | 15~16 | 100.8 | 31.42 | 8.83 | 6.56 |

由表 3.1 可以看出，装备的实际运行效果都达到了设计参数要求，干垃圾含水率降低至 30% 左右，干垃圾中混入了约 9% 的湿垃圾，湿垃圾中约有 6.56% 的以塑料袋为主的干垃圾。同时，北京环卫集团还进一步研究了筛孔和作用压力对分离效果的影响，得到如下结论：

（1）高压机械挤压分离工艺分离效率高，技术可行；

（2）挤压压力越高，干垃圾纯度越高，但由于部分塑料袋会从筛孔中随湿垃圾一同流出，导致湿垃圾纯度降低；

（3）筛筒孔径越小，湿垃圾的纯度越高。

## 3.3　实际生活垃圾高压挤压预处理后的产沼性能

对于 3.2 部分中产生的湿组分，采用卧式推流干式厌氧消化装置（如图 3.6），运行过程中维持罐体 35℃ 的中温状态，采用横轴推流式机械搅拌工艺进行间歇搅拌，上下午各搅拌 2h，设计水力停留时间 25d。在处理过程中，每天可处理湿垃圾 50t，进料平均含固率为 22.54%，挥发性有机质约占总固体含量的 80%。

图 3.6　横轴推流卧式厌氧消化装置

以 2018 年 4 月的运行数据为例，湿垃圾经过厌氧消化后，平均每日产气可达 5500m³（标况）（图 3.7），平均产气率约为 125.57m³（标况）/t 湿垃圾，折算每吨进场混合生活垃圾可以产气 92m³（标况）；沼气的甲烷比例波动在 55.1%～63.1%，沼气质量稳定。

厌氧消化罐内部物料在此运行阶段的性质分析（如碱度 ALK、VFA 和二者比值）如图 3.8 所示。

尽管厌氧消化装置内物料 pH 值在整个反应中一直保持在 7.5 以上，属于适宜厌氧产沼的范围，但是，碱度和 VFAs 浓度波动较大，碱度为 7～13g/L，VFAs 为 3～8g/L，此外，表征反应体系酸化风险的指标 VFA/ALK 在 0.24～1.20 这一范围内波动。在消化前一阶段，VFAs 浓度不断下降，相对应体系酸化风险极低，而此时消化装置沼气产率最大；但由于反应装置的湿垃圾进料负荷较高，并且没有

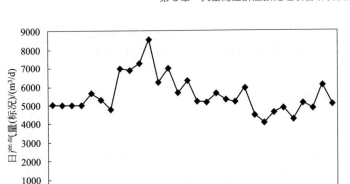

图 3.7  厌氧消化装置 2018 年 4 月的日产气情况

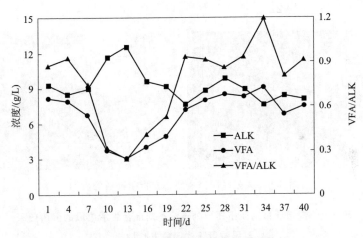

图 3.8  厌氧消化装置内部物料性质分析

采取补充接种泥等手段，体系中 VFAs 出现累积，这时体系碱度也有所下降，导致 VFA/ALK 迅速升高，厌氧消化装置的酸化风险大大增加，并导致厌氧消化装置的日产气量明显降低。这一研究同样表明，体系酸化不仅仅在实验室研究中是影响厌氧产沼的主要因素，在实际有机生活垃圾处理中，也是制约厌氧消化装置稳定运行的条件之一。因此，有必要对有机生活垃圾处理过程中的"严重酸化现象"进行分析，并提出经济、环保的对策。

## 3.4 大型高压挤压预处理装备的实际应用案例

高压挤压生活垃圾预处理技术目前已经由北京环卫集团向市场进行推广，除北京董村项目外，该技术还在贵阳、湖州和北京等地落地并投产运行。该工艺处理混合生活垃圾的流程为：卸车→暂存→皮带输送→大块物料破碎→高压挤压分离→湿垃圾厌氧消化产沼（干垃圾焚烧或气化）。下面简单介绍已经投产的几个实际应用案例。

### 3.4.1　贵阳项目

该项目业主为贵阳京环环保有限公司，由北京环卫集团环境研究发展有限公司提供设计和成套设备。项目从 2016 年 3 月开始建设，到 2016 年 12 月正式投产运行。设备接收的原始混合生活垃圾含水率 55%，采用的高压挤压工艺参数为：挤压压力 25MPa，筛孔尺寸 12mm，分离产生的湿垃圾经过螺旋输送机和液压柱塞泵输送至干式厌氧发酵罐，干式厌氧发酵系统处理规模 70t/d。图 3.9 是大型高压挤压装备在贵阳项目中的应用，表 3.2 是贵阳项目高压挤压预处理设备对混合生活垃圾的分质效果及湿垃圾的干式厌氧发酵性能。

图 3.9　大型高压挤压装备在贵阳项目的应用

表 3.2　贵阳项目高压挤压预处理设备对混合生活垃圾的分质效果
及湿垃圾干式厌氧发酵性能

| 指标 | 生活垃圾高压机械挤出干湿分离设备 | | | | | | 干式厌氧 | |
| --- | --- | --- | --- | --- | --- | --- | --- | --- |
| | 处理量/(t/d) | 挤压压力/MPa | 干组分含水率/% | 湿组分宜生化有机质/% | 湿组分中的宜燃组分/% | 电耗/(kW·h/t) | 厌氧系统处理量/(t/d) | 湿组分吨产气量/m³ |
| 设计 | 100 | 25 | <35 | >80 | <10 | 20 | 70 | 120 |
| 实际 | 120 | 25 | 34 | 86 | 7.3 | 16 | 72 | 121 |

### 3.4.2　湖州项目

湖州项目由湖州旺能再生能源开发有限公司实施，主要对湖州市当地混合生活垃圾进行资源综合利用和无害化处理，整个处理厂包括：前端收运系统、计量称重系统、厨余垃圾预处理系统、湿式厌氧发酵系统、沼气利用系统、废气油脂处理系统以及除臭系统，其中，生活垃圾高压机械挤出干湿分离装置的技术与设备由北京环卫集团环境研究发展有限公司提供。项目于 2016 年 12 月开始建设，2017 年 9 月 30 日验收通过，开始投产运行。图 3.10 为大型高压挤压设备在湖州项目的应用，表 3.3 为湖州项目高压挤压预处理装备对混合生活垃圾的分质效果。

图 3.10　大型高压挤压设备在湖州项目的应用

**表 3.3　湖州项目高压挤压预处理设备对混合生活垃圾的分质效果**

| 指标 | 处理量/(t/h) | 挤压压力 /MPa | 干组分含 水率/% | 湿组分中宜生 化有机质/% | 湿组分中的宜 燃组分/% | 电耗 /(kW·h/t) |
|---|---|---|---|---|---|---|
| 设计 | >25 | 25 | <35 | >80 | <10 | 20 |
| 实际 | 25~30 | 22~25 | 30~34 | 82 | 7.8 | 14 |

### 3.4.3　北京丰台项目

北京丰台项目位于北京丰台区厨余垃圾处理厂中，该厂承担永定河以东的厨余垃圾和整个丰台区小区分类的厨余垃圾（含部分果蔬垃圾）的处理，是目前全国规模最大的厨余垃圾处理项目。项目总处理规模 530t/d，其中厨余垃圾 200t/d，厨余垃圾一期 300t/d，二期可达 600t/d，此外，该厂还承担 30t/d 的废弃油脂的处理。

厨余垃圾处理厂主要包括以下部分：前端收运系统、计量称重系统、厨余垃圾预处理系统、干式厌氧发酵系统、沼气净化及利用系统以及除臭系统。该项目于 2017 年 1 月完成高压机械挤出分质设备的安装，2017 年 3 月～5 月完成干式厌氧发酵罐的土建施工和设备安装，2017 年 10 月进行预处理系统和厌氧系统的带料调试，2017 年 12 月实现整条生产线的满负荷验收，正式投产运行。该生产线中高压挤压预处理装备由北京环卫集团提供并负责安装和调试运行。

图 3.11 是该厂的垃圾预处理前后的状态，表 3.4 为丰台项目高压挤压设备分质效果和湿垃圾干式厌氧产沼数据。

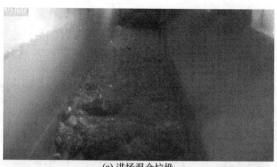

(a) 进场混合垃圾

(b) 预处理后的干垃圾

(c) 预处理后的湿垃圾

图 3.11　丰台项目垃圾预处理前后的状态

表 3.4　丰台项目高压挤压设备分质效果和湿垃圾干式厌氧产沼数据

| 指标 | 生活垃圾高压机械挤出干湿分离设备 | | | | | | 干式厌氧 | |
| --- | --- | --- | --- | --- | --- | --- | --- | --- |
| | 处理量 /(t/h) | 挤压压力 /MPa | 干组分含水率/% | 湿组分中宜生化有机质/% | 湿组分中的宜燃组分/% | 电耗 /(kW·h/t) | 处理量 /(t/d) | 沼气中甲烷比例/% |
| 设计 | ＞25 | 25 | ＜35 | ＞80 | ＜10 | 20 | 200(4 罐) | 65 |
| 实际 | 25～26 | 22 | 34 | 89 | 7.3 | 13 | 200(4 罐) | 65 |

# 第4章

# "干湿分离＋分质处理"工艺的综合环境效应评估

为了探讨采用"高压挤压干湿分离-湿组分厌氧消化-干组分焚烧发电"这种工艺处理我国城市生活垃圾时的综合环境效应，本章通过建立该工艺下两种不同情景，采用生命周期清单分析方法对其两种情景下温室气体排放、资源回收、能源消耗与产出、减量效果、污染物减排五个方面进行讨论，并与生活垃圾直接焚烧的处理方式进行对比分析。进一步，利用敏感性分析方法，评估厨余组分占比、预处理分离效果、焚烧和厌氧消化效率等因素对温室气体排放和净能源产生的影响。据此，为我国生活垃圾处理路线的规划和选择提供依据。

## 4.1 研究对象与方法

下面以苏州市城市生活垃圾为代表，对"干湿分离-湿组分厌氧消化-干组分焚烧发电"处理工艺进行综合评估。表 4.1 为苏州市混合收运城市生活垃圾的组成及各组分含水率。

表 4.1 苏州市混合收运城市生活垃圾的组成及各组分含水率

| 组分 | 所占比例/% | 含水率$(w/w)$/% |
|---|---|---|
| 厨余 | 70.82 | 77.27 |
| 纸张 | 11.78 | 36.12 |
| 塑料 | 7.66 | 42.34 |
| 织物 | 1.68 | 63.38 |
| 竹木 | 1.13 | 46.11 |
| 金属 | 0.37 | 2.50 |

续表

| 组分 | 所占比例/% | 含水率$(w/w)$/% |
|---|---|---|
| 玻璃 | 4.82 | 0.30 |
| 灰渣、砖块 | 1.74 | 0 |

混合收运垃圾首先通过磁选，将大部分金属回收，剩余部分进入高压挤压预处理设备。预处理后干、湿垃圾中不同组分所占比例如表4.2所示。

**表4.2  预处理后干、湿垃圾中不同组分所占比例**

| 组分名称 | 干组分/% | 湿组分/% |
|---|---|---|
| 厨余 | 15 | 87 |
| 纸张 | 10 | 2 |
| 塑料 | 40 | 5 |
| 织物 | 12 | 2 |
| 砖瓦（石头） | 3 | 2 |
| 玻璃 | 10 | 0 |
| 竹木 | 10 | 2 |

根据北京环卫集团在高压挤压预处理设备的实际应用中所测的实际数据，分离后的湿组分垃圾质量为原始混合生活垃圾的70%，干组分垃圾质量仅为30%，据此算出不同成分在干、湿组分垃圾中的分配系数（表4.3）。

**表4.3  不同成分在干、湿组分垃圾中的分配系数**

| 组分名称 | 干组分/% | 湿组分/% |
|---|---|---|
| 厨余 | 6.9 | 93.1 |
| 纸张 | 68.2 | 31.8 |
| 塑料 | 77.4 | 22.6 |
| 织物 | 72 | 28 |
| 砖瓦（石头） | 60 | 40 |
| 玻璃 | 100 | 0 |
| 竹木 | 68.2 | 31.8 |

本研究选取ISO14040系列标准作为生命周期清单分析方法（LCI）的研究手段[72,73]，以每吨生活垃圾为基准，采用EaseTech 2013（version 2.0.0）软件以质量和能量守恒为基本计算方法，依据各处置环节的分配系数和转化效率计算不同处置情景下的能量平衡、温室气体排放和污染物产生，该软件在计算废物处置过程中的生命周期影响方面是使用频率最高的软件之一。

本研究的敏感性分析采用单因素人为扰动方法，每次将单一参数的相对值增减10%，并计算这些参数对温室气体排放和能源消耗与产出的影响。

## 4.2 不同生活垃圾处理场景的建立

针对"干湿分离-湿组分厌氧消化-干组分焚烧发电"处理工艺，设置两个情景进行讨论。两种情景均首先将混合生活垃圾进行高压挤压预处理，产生的湿组分厌氧消化，干组分进行焚烧处理，但两者的不同之处在于：情景 1 是将湿组分厌氧消化产生的出料脱水至含固率约为 60% 的沼渣，然后进行填埋处置，而情景 2 是在沼渣含固率降低至 60% 的基础上，进一步脱水至 30% 左右，然后将其作为肥料土地利用。两种情景下，脱水过程中产生的滤液均按照渗滤液处理工艺"厌氧污泥床＋膜生物反应器＋纳滤＋反渗透"进行处理，并达到渗滤液处理标准，耗电量约为 30kW·h/t。同时，构建混合生活垃圾焚烧情景与上述两种情景进行对比。对三种情景的具体描述如下。

情景 1：高压挤压预处理＋湿组分厌氧消化＋沼渣填埋＋干组分焚烧

在已建成的实际工程中，高压挤压预处理在封闭车间内完成，车间内设置抽风设施，定期换气；车间内空气由于含有较高浓度的恶臭物质，在有组织地收集后，需进行除臭处理。对于厌氧消化过程，不同类型垃圾的降解系数根据联合国政府间气候变化专门委员会（IPCC）推荐值范围（厨余组分 75%～90%，纸张 40%～60%，竹木 25%～30%，织物 10%，塑料不降解），并结合前期试验中的甲烷产率进行微调确定；甲烷在沼气中的比例按 70% 计，产生的沼气除 5% 泄漏外，全部上网发电，发电效率 35%；厌氧消化产生的沼渣脱水后送至垃圾填埋场处置。产生的干组分热值较高，可以制成垃圾衍生燃料（RDF），其总体发电效率较高，可按 30% 计算，焚烧产生的飞灰和底灰进行填埋处置。图 4.1 为垃圾处置情景 1 示意图，虚框线定义系统边界。

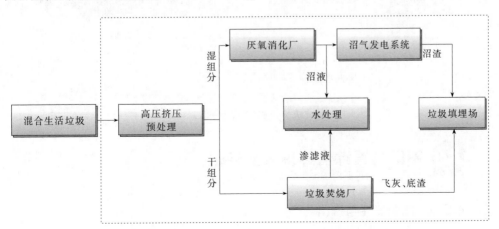

图 4.1 "干湿分离-湿组分厌氧消化-干组分焚烧发电"处置情景 1 示意

情景 2：高压挤压预处理＋湿组分厌氧消化＋沼渣土地利用＋干组分焚烧

该情景是在情景 1 的基础上，将产生的沼渣进一步脱水后进行土地利用。湿组分厌氧消化和干组分焚烧的相关参数同情景 1。图 4.2 为垃圾处置情景 2 示意图，虚框线定义系统边界。

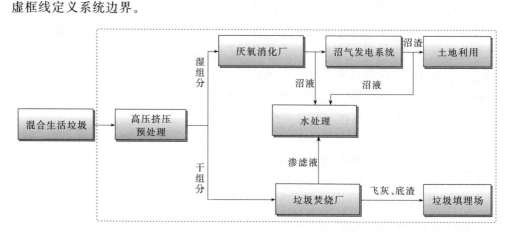

图 4.2　"干湿分离-湿组分厌氧消化-干组分焚烧发电"处置情景 2 示意

情景 3：混合垃圾焚烧发电

混合垃圾经过在垃圾储坑中一段时间的渗水后，进行焚烧发电处理。储坑中产生的渗滤液同样采用"厌氧污泥床＋膜生物反应器＋纳滤＋反渗透"工艺处理，出水达到渗滤液处理排放标准。焚烧采用炉排型焚烧炉，无需额外添加燃料，混合垃圾焚烧的整体发电效率按 22％计算。产生的飞灰经过固化稳定化后，同底渣一同送至垃圾填埋场处置。图 4.3 为情景 3 的示意图，虚框线定义系统边界。

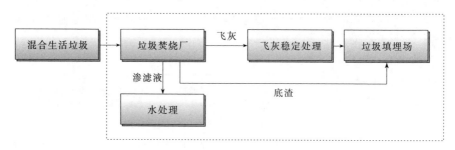

图 4.3　混合生活垃圾焚烧发电处置情景 3 示意

## 4.3 不同情景综合环境效应评估

### 4.3.1　能源消耗与产出

在"干湿分离-湿组分厌氧消化-干组分焚烧发电"处理工艺中，能源消耗主要包括预处理设备、厌氧搅拌设备和沼液处理等过程的耗电，以及厌氧消化设施保温和厌氧产生的沼渣、焚烧产生的飞灰填埋所需的能源消耗。在混合生活垃圾焚烧处理中，能耗主要用于垃圾渗滤液的处理以及焚烧后飞灰、底灰的填埋。能源的产生主要是通过厌氧产生的沼气发电和垃圾焚烧发电实现。在产生的沼气中，认为 95% 可被利用，另外 5% 在沼气输送、阀门等处泄漏。

能源消耗方面，在情景 1 和情景 2 中，对每吨混合垃圾的预处理过程耗电约 20kW·h；厌氧消化设备运行（包括搅拌、进出料等）需耗电 4.8kW·h，主体设施的恒温需柴油 2kg（2.38L），折合电耗 25.4kW·h；产生的沼液处理需耗电 11kW·h；对于情景 2，还需进一步对沼渣脱水至含固率 30% 以下，需耗电 3.6kW·h。两种情景焚烧处理共产生需填埋处理的飞灰 6.54kg 和底灰 58.95kg，分别耗能 0.09kW·h 和 0.81kW·h。综上，情景 1 共消耗 62.1kW·h，情景 2 共消耗 65.7kW·h。

能源产生方面，每吨分离后的湿组分可通过厌氧消化产生甲烷 42.45m$^3$，甲烷低位热值 35.88MJ/m$^3$，可产生电能 140.68kW·h；焚烧可产生电能 189.83kW·h。因此，情景 1 情景 2 处理每吨垃圾均可产生电能 330.51kW·h。

在"混合垃圾焚烧发电"工艺中，储坑中共产生渗滤液 293.6kg，处理达标需耗电 8.8kW·h；焚烧分别产生飞灰和底灰 10.36kg 和 93.5kg，填埋处理过程分别耗电 0.14kW·h 和 1.38kW·h，共耗电 10.32kW·h。而全部垃圾焚烧过程，可产生电能 305.56kW·h。

综上所述，"干湿分离-湿组分厌氧消化-干组分焚烧发电"工艺的处理情景 1 中，每吨混合垃圾可产生净能源 268.41kW·h（电能），情景 2 产生净能源 264.81kW·h（电能），而"混合垃圾焚烧发电"工艺的处理情景 3 可产生净能源 295.24kW·h（电能）。因此，"混合垃圾焚烧发电"工艺的净能量产出要高于"干湿分离-湿组分厌氧消化-干组分焚烧发电"工艺约 10%～11.5%。

### 4.3.2　温室气体减排效应

计算温室气体减排过程时，将各情景中长期留存于土壤部分的生物源碳记为碳减排，以 $CO_2$ 形式重新返回大气的碳记为碳中性，长期留存的化石源碳记为碳中性，经焚烧释放到大气中的部分记为碳排放。图 4.4 是在三种情景下，从碳存储（Carbon storage）、化石碳燃烧（Fossil carbon burning）、甲烷释放（CH$_4$ release）和能源产生（Energy production）四个方面分析温室气体的排放。其中，碳存储和能源产生两个过程有助于降低化石源碳的焚烧量，因此属于温室气体减排过程，而在化石碳燃烧和甲烷释放过程中，则会产生大量温室气体。

从图 4.4 中可以看出，三种情景中，能源产生对温室气体减排的贡献最大，

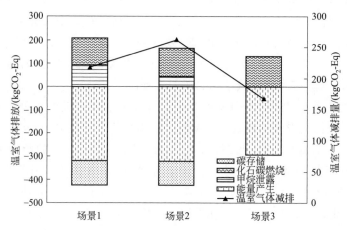

图 4.4　各情景不同途径下温室气体的产生与削减

"高压挤压提质预处理-湿组分厌氧消化-干组分焚烧发电"处理工艺中这一效果比"混合垃圾焚烧发电"工艺更为显著，情景 1 和情景 2 中由于能源产生，可抵消温室气体排放量（温室气体减排量）为 324kgCO$_2$-Eq，这得益于高压挤压预处理后，湿组分在厌氧消化中较高的甲烷产率和干组分焚烧发电较高的发电效率。但相比于情景 3，情景 1 和情景 2 在温室气体排放方面，增加了甲烷释放这一部分。其中，由于厌氧消化设施 5% 甲烷泄漏造成 37.99kgCO$_2$-Eq 的温室气体排放，而情景 1 在此基础上，沼渣填埋又会产生 49.41kgCO$_2$-Eq 温室气体。

经过计算，在"高压挤压提质预处理-湿组分厌氧消化-干组分焚烧发电"处理工艺中，处理每吨生活垃圾产生湿组分 729.4kg，干组分 266.9kg。其中，在湿组分厌氧消化过程，每吨生活垃圾处理后通过沼气利用可净减少温室气体排放 102.9kgCO$_2$-Eq，而干组分焚烧发电可净减少温室气体排放 96.17kgCO$_2$-Eq。对于情景 1，每吨生活垃圾处理后沼渣填埋将减少温室气体排放 50.4kgCO$_2$-Eq，而在情景 2 中，进一步脱水后的沼渣土地利用，对温室气体减排贡献为 101.5kgCO$_2$-Eq。此外，由于沼渣脱水后，对水的处理过程中需耗电，所以，每吨生活垃圾处理后，情景 1 增加温室气体排放 30.63kgCO$_2$-Eq，情景 2 增加 36.49kgCO$_2$-Eq 的温室气体排放量。综上，情景 1 和情景 2 处理每吨生活垃圾分别减少温室气体排放量为 218.84kgCO$_2$-Eq 和 264.08kgCO$_2$-Eq。而对于"混合垃圾焚烧发电处置"的情景 3 中，产生的电能相当于处理每吨生活垃圾减少碳排放量 181.2kgCO$_2$-Eq，而渗滤液处理、飞灰和底灰填埋处理共增加碳排放量 11.52kgCO$_2$-Eq。因此，该情景下处理每吨生活垃圾减少温室气体排放 169.68kgCO$_2$-Eq。

综上所述，在温室气体减排方面，"高压挤压提质预处理-湿组分厌氧消化-干组分焚烧发电"这条垃圾处理工艺路线更加具有优势。

### 4.3.3　资源回收

在建立的三个情景中，仅情景 2 对厌氧消化产生的沼渣进行了土地利用，具有资源回收的效益。经计算，每吨生活垃圾中有 160.7kg 可用来制肥，实现资源回收。

### 4.3.4　垃圾减量效果

垃圾减量效果用减量率表示，是指各情景中削减或利用部分与原生垃圾的质量比。按式（4-1）进行计算。

$$减量率 = \left(1 - \frac{填埋场最终封存质量}{原生垃圾质量}\right) \times 100\% \tag{4-1}$$

填埋场最终封存的质量包括以下两部分：
（1）焚烧产生的飞灰和底灰；
（2）厌氧消化产生沼渣，经过一定程度脱水后，进行填埋的部分。

对于"干湿分离-湿组分厌氧消化-干组分焚烧发电"的技术路线中，每吨生活垃圾处理后产生的残渣焚烧产生的飞灰和底灰共 65.49kg，此外，情景 1 中产生沼渣的填埋量约 263.4kg，情景 2 沼渣全部土地进行利用，无需填埋。因此，情景 1 中每吨生活垃圾剩余物 328.89kg，减量率 67.1%，情景 2 中剩余物 65.49kg，减量率 93.4%。对于"混合垃圾焚烧发电"的情景 3，每吨生活垃圾共产生飞灰和底灰 103.86kg，减量率可达 89.6%。

### 4.3.5　污染物减排效果

对垃圾处理全过程中向外界排放的污染物进行估算。计算过程中，以生物处理过程中产生的恶臭物质（以 $H_2S$ 为代表）和焚烧过程中产生的 $NO_x$、$SO_2$ 和二噁英为主。预处理过程中释放的污染物，已进行处理，不计入向外界的排放量。

在"干湿分离-湿组分厌氧消化-干组分焚烧发电"的厌氧消化过程中，每处理 1t 垃圾，厌氧设施向外界泄漏沼气约 3.04m³。根据对运行良好的投加零价铁反应器中沼气成分的分析，$H_2S$ 浓度范围为 14～19mL/m³；因此，$H_2S$ 泄漏约 69.2mg。对于情景 1 中的沼渣填埋处置过程，大部分（70%～80%）早期（0～15 年）产生的填埋气收集后进行焚烧处理，剩余部分经表面覆盖层氧化后释放。在填埋操作结束后 100 年中，共产生 5.98m³ 填埋气，根据 IPCC 和相关文献，$H_2S$ 浓度约为 36mL/m³，$H_2S$ 释放量为 327.2mg。而在焚烧处置干组分过程中，共产生干烟气 1078.8m$^3$，根据苏州某大型垃圾焚烧厂提供的污染物排放浓度，这一过程中释放 154.3g NO$_x$、14.0g SO$_2$ 和 18.3ngTEQ 二噁英。

对于"混合垃圾焚烧发电"工艺，整个处理过程中共产生干烟气 2590.4m$^3$，其中包括 370.6g NO$_x$，33.6g SO$_2$ 和 44.0ngTEQ 二噁英。

## 4.4 不同情景综合环境效应对比

对三种处理情景下净能源产生、温室气体减排、资源回收、垃圾减量效果以及有毒污染物排放这五种环境影响指标归一化后进行对比分析（图 4.5）。其中，有毒污染物以二噁英为典型物质，将其排放当量作为某一情景下有毒污染物的排放量，以污染物排放最大的情景为基准，计算其余情景的污染物减排效果。

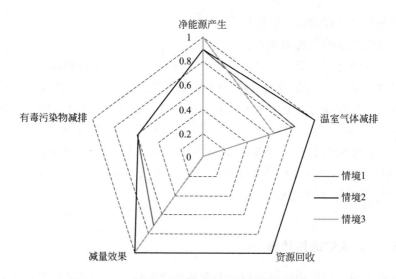

图 4.5　三种垃圾处理情景的对比（见彩色插页）

从图 4.5 中可知，尽管混合垃圾焚烧处理（情景 3）能够最大程度获得能量，并且实现垃圾减量的目标，但在温室气体减排方面效果逊于"干湿分离-湿组分厌氧消化-干组分焚烧发电"这种组合处理工艺（情景 1 和情景 2），同时也是三个情景中有毒污染物释放量最大的。而经过高压挤压预处理，湿组分厌氧消化产生的沼渣作为肥料进行土地利用这一处理情景（情景 2）的五种评价指标均较为均衡，同时削减了污染物排放量 58.4%，从而既实现了垃圾的减量化、资源化，又最大程度地实现了无害化，是一种理想的生活垃圾处理模式。该模式下，每吨垃圾处理全过程的物质流分析如图 4.6 所示。

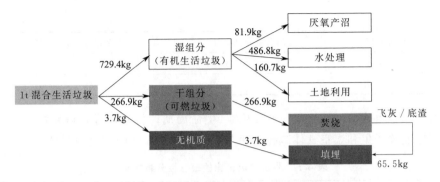

图 4.6 情景 2 垃圾处理全过程的物质流分析

## 4.5 不同因素对生活垃圾处理效果的敏感性分析

在"干湿分离-湿组分厌氧消化-干组分焚烧发电"这一技术路线的两个情景中，利用单因素人为扰动方法，以厨余垃圾占比、高压挤压预处理效率、干组分焚烧发电效率和厨余组分厌氧消化降解效率四种参数的改变对处理过程能源消耗与产出以及温室气体减排效果进行评价。

### 4.5.1 生活垃圾中厨余组分的影响

随着我国经济的发展，城市混合生活垃圾的组成将类似于国外发达国家生活垃圾构成，厨余垃圾占比不断降低；而我国目前大力推进的垃圾分类工作，主要是将厨余组分单独分开、单独处理，从而使混合垃圾中厨余组分含量大幅降低。因此，为研究厨余垃圾占比对"干湿分离-湿组分厌氧消化-干组分焚烧发电"处理路线的影响，本节对该因素进行敏感性分析。

研究在表 4.1 基础上，提高或降低混合垃圾中厨余垃圾占比 10%，之后按原先配比调整其余成分的占比，结果如表 4.4 所示。

表 4.4 厨余比例改变后垃圾各组分在混合垃圾中的占比

| 组分名称 | 厨余组分提高 10%后占比/% | 厨余组分降低 10%后占比/% |
| --- | --- | --- |
| 厨余 | 77.90 | 63.74 |
| 纸张 | 8.92 | 14.64 |
| 塑料 | 5.80 | 9.52 |
| 织物 | 1.27 | 2.09 |
| 竹木 | 0.86 | 1.40 |
| 金属 | 0.28 | 0.46 |

| 组分名称 | 厨余组分提高10％后占比／％ | 厨余组分降低10％后占比／％ |
|---|---|---|
| 玻璃 | 3.65 | 5.99 |
| 灰烬、砖块 | 1.32 | 2.16 |

对这两种组成的生活垃圾进行 LCA（生命周期评价）计算，得到情景 1 和情景 2 下净能源产生和温室气体减排效果与 4.3.1 和 4.3.2 中结论的差异（表 4.5）。

**表 4.5　厨余垃圾占比的敏感性分析结果**

| 厨余垃圾占比变化 | 温室气体减排／(kgCO_2-Eq) | | 能源净产生量(电能)／kW·h | |
|---|---|---|---|---|
| | 情景 1 | 情景 2 | 情景 1 | 情景 2 |
| 增加10％ | −15.27 | −15.57 | −24.84 | −20.45 |
| 减少10％ | 8.2 | 7.67 | 43.06 | 42.96 |

由以上分析可以看出，在"干湿分离-湿组分厌氧消化-干组分焚烧发电"这一垃圾处理路线的两个情景下，降低混合垃圾中的厨余垃圾占比不仅可减少温室气体排放，还有利于更多能源的产生。这也从一个角度证实了我国大力推行生活垃圾分类这项工作的必要性。

### 4.5.2　高压挤压预处理效率的影响

为便于计算，预处理效率以厨余垃圾在干、湿组分中的含量表示，当预处理效率提高10％时，厨余组分在干组分中的占比降低10％，而在湿组分中的占比升高10％。在此基础上，其余垃圾成分在干、湿组分中的占比按照表 4.2 进行等比例分配；相反，当预处理效率降低10％后，厨余组分在干组分中的占比升高10％，而在湿组分中的占比降低10％。

高压挤压预处理效率增减10％以后，各垃圾组分在干、湿两部分中的分配系数如表 4.6 所示。

**表 4.6　预处理效率改变后垃圾各组分在干湿两部分的分配系数**

| 组分名称 | 预处理效率提高10％ | | 预处理效率降低10％ | |
|---|---|---|---|---|
| | 干组分分配系数／％ | 湿组分分配系数／％ | 干组分分配系数／％ | 湿组分分配系数／％ |
| 厨余 | 5.7 | 94.3 | 8.3 | 91.7 |
| 纸张 | 87.6 | 12.4 | 55.3 | 44.7 |
| 塑料 | 91.9 | 8.1 | 66.4 | 33.6 |
| 织物 | 89.4 | 10.6 | 59.7 | 40.3 |
| 砖瓦 | 67.9 | 32.1 | 27.1 | 72.9 |

续表

| 组分名称 | 预处理效率提高 10% | | 预处理效率降低 10% | |
|---|---|---|---|---|
| | 干组分分配系数/% | 湿组分分配系数/% | 干组分分配系数/% | 湿组分分配系数/% |
| 玻璃 | 100 | 0 | 100 | 0 |
| 竹木 | 87.6 | 12.4 | 55.3 | 44.7 |

可以看出，预处理效率的改变对不同垃圾成分在干、湿两组分中的分配系数有较大的影响，特别是对于宜燃组分，当提高预处理效率后，可以显著提升其在干组分中的分配系数。由于高压挤压预处理过程中的能源消耗同预处理效率之间并非正相关的关系，且在实际操作过程中发现，预处理每吨垃圾所消耗的电能波动范围较小（18～23kW·h）。因此，本部分仅对分配系数改变引起的相应参数变化进行分析，忽略高压挤压效率改变时，其自身能源消耗的差异。表 4.7 为预处理效率改变后，整个处理工艺对温室气体减排和能源净产生的影响。

表 4.7　高压挤压预处理效率的敏感性分析

| 预处理效率变化 | 温室气体减排/(kgCO₂-Eq) | | 能源净产生量(电能)/kW·h | |
|---|---|---|---|---|
| | 情景 1 | 情景 2 | 情景 1 | 情景 2 |
| 增加 10% | 10.11 | 3.15 | 66.78 | 67.46 |
| 减少 10% | −12.95 | −8.78 | −8.45 | −9.08 |

从表 4.7 中所列结果可知，当预处理效率提高，温室气体减排效果明显，特别对于情景 1，处理每吨垃圾可多减排 10.11kgCO₂-Eq。同时，提高预处理效率也可以增加净能源产生，在情景 1 和情景 2 下，处理每吨混合垃圾，分别多产生电能 66.78kW·h 和 67.46kW·h。

### 4.5.3　干组分焚烧发电效率的影响

垃圾发电效率受垃圾自身含水率、热值等因素影响，是决定温室气体减排效果和垃圾处理工艺能量产生的关键因子之一。本部分研究了预处理后干组分的焚烧发电效率对整体工艺温室气体排放和能量产生的影响（表 4.8）。在 4.3 部分的计算中，干组分焚烧发电效率按 30% 计算，因此，对其做敏感性分析时，焚烧效率分别按 27%（−10%）和 33%（+10%）计。

表 4.8　干组分焚烧发电效率的敏感性分析

| 发电效率变化 | 温室气体减排/(kgCO₂-Eq) | | 能源净产生量(电能)/kW·h | |
|---|---|---|---|---|
| | 情景 1 | 情景 2 | 情景 1 | 情景 2 |
| 增加 10% | 18.43 | 18.43 | 18.99 | 18.99 |
| 减少 10% | −18.87 | −18.87 | −18.98 | −18.98 |

该因子的变化不会对湿组分处理、处置产生影响，因此，情景 1 和情景 2 在温室气体减排及能源产生方面的改变具有一致性。计算结果表明，提高干组分焚烧发电效率，可以削减温室气体排放和产生更多的能源。尽管发电效率降低 10% 后，垃圾处理过程中，温室气体减排效果变差降低，每吨生活垃圾在情景 1 和情景 2 下分别减排 199.86kgCO$_2$-Eq 和 245.1kgCO$_2$-Eq，但仍高于"混合垃圾焚烧发电"处理过程，每吨生活垃圾温室气体减排 169.68kgCO$_2$-Eq。

### 4.5.4  湿组分厌氧处理效率的影响

表 4.9 以厨余组分厌氧消化降解效率为目标因子，研究其对处理过程的影响。在 4.3 部分的计算过程中，厨余组分在厌氧消化中的降解效率为 85%，本部分将该值分别上调和下降 10%，进行敏感性分析。

**表 4.9  干组分焚烧发电效率的敏感性分析**

| 厨余厌氧降解效率 | 温室气体减排/(kgCO$_2$-Eq) | | 能源净产生量(电能)/kW·h | |
|---|---|---|---|---|
| | 情景 1 | 情景 2 | 情景 1 | 情景 2 |
| 增加 10% | 34.06 | 13.91 | 13.14 | 13.12 |
| 减少 10% | −30.94 | −12.79 | −11.90 | −12.13 |

与干组分焚烧发电效率提高相似，提高厨余组分的厌氧降解效率也可以提高温室气体的减排效果和净能源产生。而在焚烧发电效率降低 10% 后，处理每吨生活垃圾在情景 1 和情景 2 下温室气体减排量分别为 187.9kgCO$_2$-Eq 和 251.29kgCO$_2$-Eq，同样高于混合垃圾焚烧发电过程中的温室气体减排量，这表明"干湿分离-湿组分厌氧消化-干组分焚烧发电"这一处理工艺在温室气体减排方面具有明显的优势。

**第5章**

# 零价铁在有机生活垃圾厌氧消化中的作用

## 5.1 零价铁技术

### 5.1.1 零价铁在环境污染控制中的应用

零价铁（$Fe^0$）是一种廉价、无毒、清洁的还原剂，具有较低的氧化还原电位（$E_0 = -440mV$）。由于零价铁本身的还原性和零价铁腐蚀产物良好的吸附、共沉淀性能，使得零价铁可以通过不同反应机制去除水和土壤中多种常见的有机污染物及重金属等无机污染物，因而被广泛应用在污废水处理和污染土壤修复[74,75]。

但是在普通零价铁（如微米级铁粉和大尺寸铁屑）的应用中，随着反应的进行，其表面会被腐蚀产物覆盖，导致零价铁供电子能力下降，反应活性逐渐降低。近年来，为了提高零价铁在实际环境中的反应活性，很多学者从多个角度发展了零价铁的应用。具体内容包括如下。

(1) 对零价铁进行预处理改性，常用的零价铁预处理手段包括酸洗预处理、氢气预处理、超声预处理、微波预处理、弱磁场预处理等。Sun[76]综述了不同预处理方式对零价铁去除污染物效率的影响，结果表明，除部分酸洗预处理研究外，大多数预处理方式均对污染物去除有促进作用。此外，零价铁经弱磁场预处理后对污染物的去除反应速率是未预处理时的 1.2～12.2 倍，高于其他预处理方式（0.7～4.5 倍），如图 5.1 所示。这是因为经过弱磁化后的零价铁在两极形成磁场梯度，在洛伦兹力的作用下，零价铁与污染物反应生成的 $Fe^{2+}$ 会被不断从铁表面剥离至两端，从而大大提高了零价铁与污染物间的电子传递效率。

(2) 一些金属（如钯、镍、铜、银等）本身具有的催化能力，将零价铁和这些

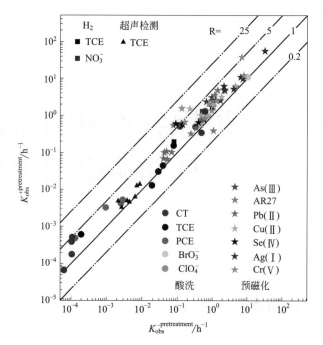

图 5.1　不同零价铁预处理方式对各种污染物去除效率的影响[76]（见彩色插页）

金属结合，形成双金属体系[77]；除催化作用外，双金属之间形成的原电池也加速了零价铁的腐蚀速率，从而提高了其释放电子效率[78]。

（3）由于纳米零价铁较普通零价铁比表面积更大、反应活性更高，常用来在污染物去除中替代普通零价铁。Zhang[79] 于 1997 年在《Environmental Science & Technology》发表了关于纳米零价铁在地下水处理中应用的论文，该篇文章也被认为是最早将纳米技术应用于环境修复的报道，随后纳米材料技术成为了环境领域的一个热门话题。但是，在实际研究中发现，纳米铁有易被氧化、稳定性差等缺点，同时传统方式制造纳米铁的成本过高，也限制了纳米铁的实际应用。目前，绿色制备纳米铁已成为纳米铁在环境污染治理中应用的研究热点。

## 5.1.2　零价铁在厌氧体系中作用机制

零价铁在厌氧体系中主要起到提供电子、降低反应体系氧化还原电位的作用，从而为产甲烷菌提供适宜的生存环境。

传统的嗜氢产甲烷过程如式（5-1）所示。Daniels 等[80] 在《Science》上报道了几种利用零价铁代替 $H_2$，作为唯一电子供体，还原 $CO_2$ 产生 $CH_4$ 的产甲烷菌，如式（5-2）所示。这两种反应在热力学上都是可以自发进行的。零价铁在厌氧产甲烷体系中还原 $CO_2$ 的作用机制如图 5.2 所示。

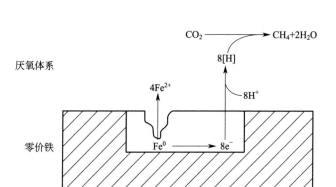

图 5.2　零价铁作为电子供体还原 $CO_2$ 产甲烷机理

$$4H_2 + CO_2 \longrightarrow CH_4 + 2H_2O \quad \Delta G = -139kJ/mol \tag{5-1}$$

$$8H^+ + 4Fe^0 + CO_2 \longrightarrow CH_4 + 4Fe^{2+} + 2H_2O \quad \Delta G = -136kJ/mol \tag{5-2}$$

此外，Xiao 等[81] 提出零价铁在厌氧环境中还具有中和有机酸释放出的 $H^+$（式 5-3），使体系的 pH 值保持中性，使产甲烷微生物处于良好的生长环境的作用。Meng 等[61] 研究却表明，尽管零价铁可以与 $H^+$ 反应产生 $H_2$，但是，投加零价铁反应器中的氢分压要显著低于未投加零价铁反应器中的氢分压。此外，郭广寨等对没有投加零价铁、投加微米级零价铁和投加纳米级零价铁三种污泥厌氧消化体系 pH 值变化的研究发现，零价铁的加入不会影响体系的酸碱平衡。这些研究结论表明，对于一个以有机弱酸为主的厌氧反应体系，依靠零价铁单纯的物理化学作用达到酸中和的效果并不明显。

$$Fe^0 + 2H^+ \longrightarrow Fe^{2+} + H_2 \tag{5-3}$$

当厌氧体系中氢分压大于 $10^{-4} \sim 10^{-5}$ atm（$1.01325 \sim 10.1325$Pa）时，由于反应吉布斯能较高，产酸发酵过程中产生的丙酸、丁酸等 VFAs 不能自发降解成为产甲烷菌可利用的乙酸，如式（5-4）、式（5-5）所示[82]。因此，在高负荷的厌氧条件下，产生的丙酸和丁酸容易出现积累，导致体系"过酸化"，对产甲烷过程形成抑制。

$$CH_3CH_2COO^- + 3H_2O \longrightarrow CH_3COO^- + HCO_3^- + H^+ + 3H_2 \quad \Delta G = +76.1(kJ/mol) \tag{5-4}$$

$$CH_3CH_2CH_2COO^- + 2H_2O \longrightarrow 2CH_3COO^- + H^+ + 2H_2 \quad \Delta G = +48.1(kJ/mol) \tag{5-5}$$

我国学者张耀斌课题组在这方面进行了广泛而深入的研究。首先，他们将零价铁技术应用在剩余污泥的厌氧消化中，其研究认为，零价铁可以促进污泥中蛋白质和纤维素的降解，同时对比对照组，投加零价铁的厌氧反应器中会产生更多的乙酸，产生更少的丙酸[83]。进一步，该课题组利用丙酸盐作为单独碳源，进行厌氧产酸研究；

结果发现投加零价铁的产酸反应器，丙酸盐向乙酸的转换率达到 67%～89%，高于未投加零价铁反应器的丙酸盐转换率（43%～77%），对该反应的吉布斯自由能计算表明，随着零价铁的加入，吉布斯自由能降低 8.0%～10.2%[84]。

以上研究结论为零价铁推动丙酸或丁酸向乙酸转化，进而弱化"过酸化"现象提供了理论依据，但由于这些研究的针对对象大多为污泥，产酸过程中形成的 VFA 浓度较低（<2000mg/L），远未形成"过酸化"现象。因此，零价铁加入使得 VFAs 产率升高，这对后续的厌氧是有利的，而对于高 VFAs 浓度（>20000mg/L）的"过酸化"体系，零价铁的加入会产生的如下问题亟待进一步研究：

(1) 促进产酸是否会加重"过酸化"现象；

(2) 对其他 VFAs 代谢形成乙酸的促进作用是否明显；

(3) 过高的酸浓度是否会对丙酸或丁酸代谢菌造成抑制。

### 5.1.3　零价铁对厌氧反应器运行性能的提升

利用零价铁提升厌氧消化反应器运行性能的研究还处于起步阶段，现有研究主要从以下几个方面开展：

(1) 利用零价铁提升厌氧消化产甲烷水平；

(2) 利用零价铁提高有机污染物去除水平；

(3) 利用零价铁促进有机质水解；

(4) 利用零价铁控制厌氧反应器中恶臭物质的产生。

如上一部分所述，零价铁的投加有利于产甲烷菌的代谢和生长，很多学者利用零价铁这一特性，用来提升某些物料的厌氧产甲烷水平。表 5.1 综述了不同研究中零价铁提高厌氧消化中物料甲烷产率的效果。

**表 5.1　零价铁提高厌氧消化中物料甲烷产率的效果**

| 底物 | $Fe^0$ 类型 | 最佳投加量 | $Y_{CH_4}$ 提升效果 | 反应器类型/规模 | 文献 |
|---|---|---|---|---|---|
| 污泥 | 铁屑 | 1.0g/gVSS | $(174.9\pm1.5)$mL/gVSS$_{fed}$ 提升 38.3% | 批式/120mL | [85] |
| 污泥 | 铁粉<br>干净铁屑<br>生锈铁屑 | 10g/L | 提高 11%<br>提高 22%<br>提高 30% | 批式 | [86] |
| 污泥 | 铁粉 | 10g/L | 296.8mL/gVSS 提升 91.5% | 批式/250mL | [87] |
| 污泥 | 铁屑 | 总共 300g | 从 0.22L/g COD$_{in}$ 提升至 0.25L/g COD$_{in}$ | 连续式/9.4L | [88] |

由以上分析可以看出，目前零价铁提高物料产甲烷性能主要针对的底物为污泥，这是由于污泥本身有机质含量较低，VS 中可被微生物利用的成分较少，特别

由于污泥中有机质被细胞壁包裹，产甲烷能力较弱。在零价铁投加类型上，以铁屑和铁粉效果最佳。关于纳米零价铁是否具有增加甲烷产生的作用，不同研究得出的结论并不一致。Su 等[89] 研究结果表明，当质量分数为 0.10% 的纳米零价铁加入到污泥厌氧消化体系，沼气中甲烷浓度提高 5.1%～13.2%，产气量和产甲烷量分别提高 30.4% 和 40.4%；同样是在污泥厌氧产甲烷体系中，Yang 等[90] 研究发现，纳米零价铁的加入会破坏微生物细胞完整性，破坏产甲烷过程，抑制甲烷产率。为了方便监测零价铁对厌氧体系中物料作用前后各项参数变化，同时减少其他干扰因素，现有研究大多数在批式反应器中进行，而将零价铁技术用于提升连续运行厌氧反应器效果的研究较少。

一些有机废物的厌氧处理不以产气为目的，主要是为了降低有机污染物浓度、以便进一步处理。零价铁在提高有机污染物去除率方面也发挥着重要作用。Wu 等[74] 将零价铁应用于养猪场废水的处理，结果表明，在批式反应器中，当零价铁投加量为 25mg/L 时，处理后出水 COD 浓度为 621mg/L，去除率达到 89.2%，COD 去除效果明显优于未加入零价铁的对照组（出水 COD 浓度 1419mg/L，COD 去除率 75.1%）。Zhang 等[91] 在连续式厌氧反应器中处理真实印染废水，随着运行时间不断增长，投加零价铁和未投加零价铁两种反应器的出水 COD 浓度均有一定程度的降低，但对于投加零价铁的反应器，出水浓度降低至一定程度并保持稳定所需时间（19d）要明显短于未投加零价铁的反应器（25d），而且稳定时出水 COD 浓度更低（509mg/L vs. 795.9mg/L），COD 去除率更高。

零价铁是否能促进污染物中大颗粒有机物的水解，在不同研究中存在不一致的观点。同样针对污泥厌氧消化，Feng 等[83] 2014 年发表在《Water Research》的研究，通过观测到零价铁介入厌氧体系后，蛋白酶、纤维素酶等几种关键酶的活性增强，同时 FISH 检测结果表明，同型产乙酸菌丰度增加，进而推测零价铁可以促进蛋白质、多糖的水解和相关有机酸的产生；但是，Liu 等[86] 随后对这一观点提出质疑，他们试验发现，不同量及不同类型的零价铁投入厌氧消化体系后，污泥的水解常数并没有明显变化，仅仅影响了污泥的产甲烷潜能。在其他研究中，也有关于零价铁提高物料水解产酸效果的报道。何东伟在血清瓶中进行铁刨花对厨余垃圾厌氧产酸影响的研究，他们认为，加入的铁刨花会为发酵液提供额外的碱度，使发酵液 pH 值维持在 5.5 左右，有利于发酵体系中产酸细菌的代谢，当向有效容积 350mL 反应器中添加铁刨花量为 30g 时，发酵液 VFAs 产量最高达 45.8g/L，较对照组提升了 15.2 倍[92]。

很多物料中有硫酸盐（$SO_4^{2-}$）存在，当 $SO_4^{2-}$ 浓度过高时，不利于厌氧产甲烷反应器的正常运行。一方面，$SO_4^{2-}$ 作为一种氧化性物质，会使体系的 ORP 增高，不利于产甲烷菌的生存；另一方面，反应器中微生物群落会有硫酸盐还原菌出现，这是一种能够还原 $SO_4^{2-}$ 成为 $H_2S$ 的细菌，在高 $SO_4^{2-}$ 浓度环境中，其争夺电子和基质（乙酸和氢）能力强于产甲烷菌，因而它的存在不但会使产甲烷菌成为劣势菌种，而且还会释放大量恶臭气体，造成环境污染。零价铁控制厌氧消化体系中 $H_2S$ 产生的机理较复杂，普通零价铁和纳米零价铁的作用方式也有所差异，但总体而言，避免 $H_2S$ 的生成主要有以下两种原理：

（1）将硫元素以 $FeS$、$FeS_2$、$FeS_n$ 的形式沉淀下来；

（2）维持中性体系，避免酸化现象产生[93]。

纳米零价铁抑制 $H_2S$ 产生效果要优于普通零价铁，这是由于大粒径的普通零价铁的加入，反而会刺激反应体系中硫酸盐还原菌的活性，而纳米零价铁比表面积大，可以为反应体系提供更多的电子，产生更多的亚铁离子，亚铁离子与 $H_2S$ 反应，形成 $FeS$ 沉淀。另外，纳米零价铁及其与水反应形成的 $FeO（OH）$ 会抑制硫酸盐还原菌的代谢，甚至使其失活，从而减少 $H_2S$ 的产生。零价铁减少厌氧消化过程中 $H_2S$ 产生的部分研究如表 5.2 所示。

**表 5.2  零价铁减少厌氧消化过程中 $H_2S$ 产生的部分研究**

| 底物 | $Fe^0$ 类型 | 最佳投加量 | $H_2S$ 抑制效果 | 文献 |
|---|---|---|---|---|
| 污泥 | 纳米零价铁 | 0.10%（质量分数） | 浓度降低约98% | [89] |
| 污泥 | 铁屑 | 总共300g | 浓度70mg S/L（未投加零价铁反应器 $H_2S$ 浓度150mg-S/L） | [88] |
| 污泥 | 纳米零价铁 | 0.20%（质量分数） | 浓度0.5mg/m³（未投加零价铁反应器 $H_2S$ 浓度300mg/m³） | [94] |
| 污泥 | 200目铁粉 800目铁粉 纳米零价铁 | 0.10%（质量分数） | $H_2S$ 释放速率提高48% $H_2S$ 释放速率降低33.1% $H_2S$ 释放速率降低77.1% | [93] |

## 5.2 试验材料与方法

### 5.2.1  试验物料与零价铁类型

本研究主要在实验室中完成，选用模拟有机生活垃圾进行试验。物料和接种物来源如 2.3.1 中所述。

本研究中使用的零价铁分为铁粉和铁屑两种。铁粉为商品级试验用还原铁粉，纯度大于98%，粒径0.2mm，比表面积0.05m²/g。铁屑来自清华大学校内工厂产生的废弃铁屑，为方便添加到反应瓶中，铁屑尺寸被截短至约2cm×1cm。

### 5.2.2　研究用批式反应器简介

本章中选用 AMPTSⅡ（图 2.2）和"厌氧瓶＋摇床"（图 5.3）两种批式厌氧消化反应器进行试验。

图 5.3　"厌氧瓶＋摇床"批式反应装置

对于以 AMPTSⅡ测试系统为主体的厌氧消化反应器，为方便测试过程的取样，对 A 单元做如下改进：在 A 单元和 B 单元之间设置气体采样口，对反应器产生的气体组分利用气相色谱进行实时分析；在 A 单元设置物料采样口（图 2.2A 单元中连接调节阀的塑料管），并在瓶内连接一根管径相同的采样管（$\phi$5mm），没入物料下方 5cm，用注射器抽吸的方式对液相进行取样。

"厌氧瓶＋摇床"反应体系是将有效容积 150mL（总容积 250mL）的厌氧瓶置于 35℃恒温摇床中，从而保证物料厌氧消化的外界条件。厌氧瓶瓶口通过丁基塞和螺口瓶盖保证瓶本身的气密性。厌氧消化过程中，定期用带有刻度的玻璃针筒，利用厌氧瓶内外压力差，推动活塞，直至内外压力平衡，从而测量产气体积，并用气相色谱分析气体成分。测量过程中，需将针筒平放，用水将玻璃活塞润湿，排除活塞自重和活塞与针筒内壁的摩擦阻力对测量结果的影响。厌氧瓶作为反应器，$CH_4$ 的产生量可按式（5-6）计算[95]（$C$ 表示浓度，$V$ 表示体积）。

$$V_{CH_4,i} = V_{CH_4,i-1} + C_{CH_4,i}(V_{G,i} - V_{G,i-1}) + V_{CH_4}(C_{CH_4,i} - C_{CH_4,i-1}) \quad (5\text{-}6)$$

此外，本章中针对"零价铁消除已产生的'过酸化'现象"进行研究，设计如图 5.4 所示、有效容积 1.5L（总容积 2.5L）的厌氧反应装置。装置上部设置气体采样口和气体收集气袋，气体采样口用来定期分析反应装置内的气体组分，气袋将产生的气体收集，并及时排放，保证瓶内压力稳定。反应装置的底部设置沼液采样口，定期对其 pH 值、SCOD、VFAs 和碱度等指标进行监测。

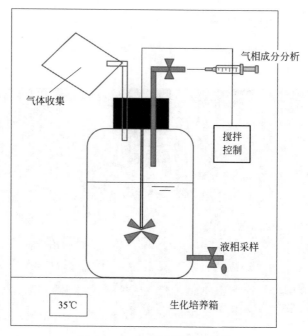

图 5.4 1.5L 批式厌氧反应器

所有批式厌氧反应器在加入物料和接种物后，均用 $N_2$ 进行吹扫，保证良好的厌氧环境。

### 5.2.3 主要分析方法

本章中对厌氧消化产生沼液的分析方法与 2.3.2 中的分析方法一致。此外，还对反应结束后，反应器沼液中的可溶性总铁含量采用 ICP-AES 方法测定。

厌氧消化反应瓶中产生的沼气成分仍选用气相色谱（岛津，GC2014，日本）进行测定；检测器选用热导检测器（TCD），色谱柱为填充柱（TDX-01，2m×2mm），$N_2$ 作为载气，进样口和检测器温度均为 130℃，柱温箱温度保持在 70℃。

## 5.3 零价铁对高负荷厌氧消化中"过酸化"现象的调控

### 5.3.1 "过酸化"现象的产生、危害及现有应对措施

前面已经介绍，经过预处理得到的有机质含量较高的有机生活垃圾，无论在实验室规模还是生产性规模的厌氧消化产沼设施中，均会出现不同程度的酸化现象，

特别当厌氧消化设施高负荷运行时，这种酸化情况更为严重，甚至出现"过酸化"现象。

　　造成这种现象主要由于有机生活垃圾（包括厨余垃圾）通常 C/N 较高，成分以易水解的碳水化合物、蛋白质为主，此外，还有一些油脂。这些物质在水解酸化和产氢产乙酸两阶段，会产生大量的 VFAs[96]。这些有机酸可以作为优良的碳源提供给污水处理厂，从而降低水厂的运行成本[97,98]。但是在单相厌氧消化反应器中，产酸阶段和产甲烷阶段并没有明显的划分，因此，当产甲烷菌代谢 VFAs 的速率低于 VFAs 生成速率时，VFAs 就会在体系中形成累积，导致 pH 值降低、ORP 值升高，当 pH 值降低到一定程度时，可供产甲烷菌利用的电子数大大减少，并会严重抑制产甲烷菌活性，使其代谢 VFAs 的能力进一步减弱。由于 VFAs 浓度随着物料水解、酸化不断增高，体系 pH 值不断下降，最终出现不能使产甲烷过程正常进行的"过酸化"现象[99,100]。此时，反应产生的沼气中甲烷含量很低，甚至不再产生气体，最终厌氧反应系统崩溃。通常当体系中 VFAs 总的浓度高于3000mg/L 时，就会产生酸抑制现象。以高压挤压预处理处理混合生活垃圾这一过程为例，经过机械预处理的易降解有机组分，物料由固态转变为浆液态，大量营养成分进入到液相，当这些物料进入到高负荷运行的厌氧消化体系，水解产酸速率更快，更容易出现"过酸化"现象。Izumi 等[101]研究发现，当对物料进行过度挤压预处理，使其粒径小于 1mm 时，水解产生 VFAs 的速率远快于产甲烷菌利用VFAs 的速率，从而导致 VFAs 积累，系统逐渐变为酸化状态，抑制了产甲烷菌活性。

　　"过酸化"现象的产生，严重影响了厌氧产沼反应器的稳定运行。据报道，欧洲目前大约有 10%～15% 的厌氧消化处理设施由于"过酸化"现象导致反应器不能正常产气，而我国已建成的厨余垃圾厌氧消化设施，也因频繁出现"过酸化"现象而难以正常运转。当系统处于过度酸化状态时，还会大量产生 $H_2S$、甲硫醇、甲硫醚等恶臭物质，会对周围环境造成污染。更为严重的是，$H_2S$ 属于酸性气体，还会对处理设备和气体输送管道造成腐蚀。

　　目前，针对实验室中反应器和处理厂中厌氧设施产生的过酸化现象，采用的控制手段主要为投加 NaOH 等碱性药剂以调整系统酸碱度。但是，投加碱性药剂的方式存在以下问题：

　　(1) 增加物料的盐分，增大后续沼渣、沼液的处理难度；

　　(2) 难以计算准确的药剂投加量，由于导致酸化的 VFAs 均为弱酸，因此体系的 pH 值仅能反映 VFAs 在此条件下电离出的 $H^+$，而不能真实反映过酸化的程度，如果根据 pH 值确定投加量，当药剂投加后，随着反应的进行，新的平衡出现，又会产生新的 $H^+$，继续使体系 pH 值下降，特别在实际工程中，反应器中物料均匀性较差，投加的药剂不能充分混合，使药剂使用量远大于理论投加量；

（3）经济性差，药剂投加量过大，使处理成本大幅提高；

（4）无论投加 NaOH、NaHCO 或者 CaO 等碱性药剂，当它们反应时，都会产生或者吸收大量的热量，从而对反应体系温度造成较大的波动，不利于产甲烷菌的存活；

（5）可持续性差，药剂在反应器中不会长期存在，即使未完全反应，也会随着出水不断流失，当过酸化再次出现时，仍需投加新的药剂。

合理地将不同 C/N 的有机废弃物按一定比例混合后进行共消化，也可有效避免酸化现象产生。以 C/N 较高的厨余垃圾厌氧消化为例，常与污泥、畜禽粪便等共消化，以避免 VFAs 的积累[102-104]。Agyeman 等[105] 将厨余垃圾同牛粪进行共消化，对不同有机负荷下 $CH_4$ 的单位 VS 产生量和每日产生速率进行研究，结果表明，在高负荷下 ［分别为 2gVS/（L·d）和 3gVS/（L·d）］，系统没有产生酸化现象，同时 $CH_4$ 的单位产率和每日最大产生速率达到最大。

尽管共消化不失为一种有效的避免由于 VFAs 积累导致产甲烷过程抑制的处理方式，但在一些实际场景中，共消化实际操作会有诸多不便。首先，有机生活垃圾处理厂并不十分靠近污水处理厂，从而会产生昂贵的污泥运输费用；其次，如果污泥等共消化物质占比过高，则会很大程度上降低处理设施对有机生活垃圾的处理能力。鉴于此，有必要开发经济性更加优良、操作更加方便、对环境更加友好的控制"过酸化"现象的新途径。

本章针对这一现象，提出投加零价铁的解决方案，对零价铁降低"过酸化"产生风险、消除已产生的"过酸化"现象的效果开展研究，并详细分析零价铁在抑制"过酸化"现象中对 VFAs 组成的调控作用。

### 5.3.2　零价铁不同形态和投加量对"过酸化"现象的控制作用

研究首先对模拟有机生活垃圾在经过高压挤压后，高负荷批式厌氧消化特性进行研究。按接种比（以 VS 计算）1∶2 将基质和接种物加入 AMPTSⅡ体系，混合液 TS 为 10%，进料容积负荷为 50gVS$_{有机生活垃圾}$/L。在反应开始前，将铁粉（PZ-VI）和铁屑（SZVI）分别按投加量为 0.1gFe$^0$/gVS、0.2gFe$^0$/gVS、0.3gFe$^0$/gVS、0.4gFe$^0$/gVS 和 0.5gFe$^0$/gVS 与物料一同加入反应体系；同时设置一个具有相同物料负荷，但没有投加零价铁的反应器，作为对照组，设置一个仅有接种污泥，且未投加零价铁的反应器作为空白。

图 5.5 从不同角度证实零价铁对高负荷厌氧反应器"过酸化"现象的抑制效果。图 5.5（a）为零价铁的投加使反应器正常产甲烷的过程；图 5.5（b）～（e）是反应器运行结束后，对剩余沼液各项参数指标的分析结果。

如图 5.5（a）所示，在所有高负荷反应器的前期，有少量气体产生，而一定比例的这部分气体是在产酸过程中伴随产生的 $H_2$，由于其不能被 AMPTSⅡ系统中 B 单元吸收，所以这部分气体会被计入 $CH_4$ 的产生量，但总体上，由于前期产气量很小，因此可被忽略。对于未投加零价铁的高负荷反应器，在后续时间不能正常产生 $CH_4$，其 $CH_4$ 累积产量甚至要低于接种污泥厌氧消化的空白试验。对于加入不同量的 PZVI 和 SZVI 的反应体系，其最终的累积产量没有明显差别，均为 $10000\sim10800\text{mL}$。

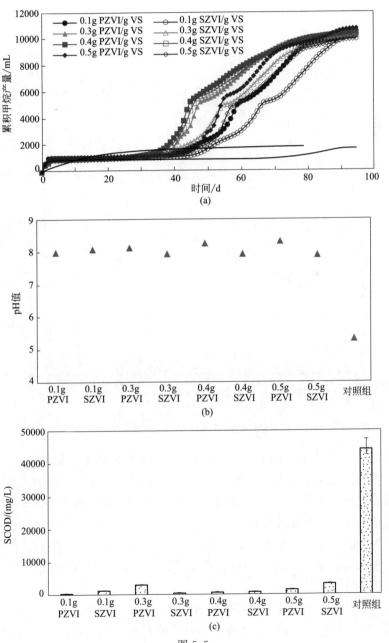

图 5.5

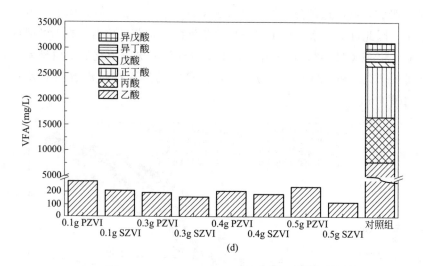

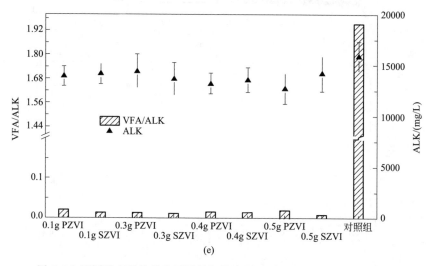

图 5.5 不同形态零价铁在不同投加量水平下对"过酸化"现象的抑制

但是，不同投加量和不同零价铁类型对于恢复系统产气所需时间是不同的。总体上，当零价铁投加量相同时，加入 PZVI 的系统进入正常产甲烷过程所需时间更短，同时也能更快地到达 $CH_4$ 产量最大值，这是由于粉末状的零价铁比表面积更大，能够更加充分参与相关反应。其中，投加量为 $0.4gFe^0/gVS$ 的体系，无论零价铁类型为 PZVI 或者 SZVI，其产气量均达到 10500mL，属于较高水平。同时，相比其他投加量，加入 $0.4gFe^0/gVS$ 的体系，能够最早使反应器进入产甲烷阶段，延滞期约为 30d。

反应结束后，加入零价铁的反应器内混合物 pH 值均稳定在 7.8～8.2，SCOD 浓度均低于 3000mg/L。相反，未投加零价铁的对照组，其瓶内混合物的 pH 值为

5.3 左右，SCOD 浓度高达 44000mg/L［图 5.5（b）、图 5.5（c）］。这些结果表明，投加零价铁后，可以对高负荷厌氧消化过程中普遍产生的酸化现象进行抑制。

对反应后沼液中 VFAs 组分进行分析，如图 5.5（d）所示。当加入零价铁后，反应结束后的混合液中 VFAs 主要为乙酸，且浓度较低，均在 150～300mg/L。乙酸能够被产甲烷菌直接利用作为产甲烷的基质，因此，剩下的这部分乙酸也能够随着反应继续进行而完全消耗。而在不加零价铁的对照组，VFAs 总浓度高达 31000mg/L，并且组分复杂，其中，丁酸浓度最高，为 9858.5mg/L，占 TVFA 的 31.8%，其次为丙酸和乙酸，其浓度分别占 TVFA 的 28.3% 和 25.2%。对照组和投加零价铁试验组之间不同的 VFAs 分析结果可能是由于零价铁能够促进丁酸、丙酸这种难被产甲烷菌利用的 VFAs 向乙酸转换。这点会在随后的章节中进一步讨论。

VFA/ALK 作为一种良好的指示参数，用来评价厌氧消化系统是否稳定，当 VFA/ALK 值小于 0.3～0.4 时，认为系统运行良好，不存在酸化风险[32,37]。图 5.5（e）为在不同零价铁投加条件和对照试验中混合液碱度和 VFA/ALK。可以看出，投加零价铁后沼液的碱度为 13000～14000mgCaCO$_3$/L，相应 VFA/ALK 的范围为 0.01～0.02，而对照组沼液碱度为 15875mgCaCO$_3$/L，但 VFA/ALK 高达 1.95，表明未添加零价铁的体系已产生严重的酸化现象。

### 5.3.3　不同含固率条件下零价铁对反应体系酸化的控制

本部分研究保持接种比为 1∶2，通过加入纯水，调整厌氧消化反应瓶中含固率为 10%、8%、6% 和 4%，相对应的物料容积负荷为 50gVS$_{有机生活垃圾}$/L、40gVS$_{有机生活垃圾}$/L、30gVS$_{有机生活垃圾}$/L 和 20gVS$_{有机生活垃圾}$/L，每个工况下各设置两类反应装置，其中一类投加零价铁粉，另一类作为对照，不投加零价铁。根据 5.3.2 中对投加量的研究，确定试验中零价铁最佳投加量为 0.4gFe$^0$/gVS。试验在厌氧瓶（图 5.3）中完成，产生的气体尽可能及时排出，并用 GC 分析 H$_2$ 和 CH$_4$ 的比例；与 5.3.2 相同，待反应结束后，对剩余沼液参数进行分析。

（1）CH$_4$ 的产生。图 5.6 为投加零价铁和未投加零价铁两种厌氧瓶在 4 种含固率下 CH$_4$ 产生情况的对比。对于产 CH$_4$ 的厌氧瓶，当每天 CH$_4$ 产量降低至 10mL 以下时，认为该反应器运行结束，并同时结束同一含固率下对照组的试验。

由图 5.6 可以看出，不同含固率下，没有投加零价铁的厌氧瓶均出现了不能正常产气的"过酸化"现象，具体表现为 CH$_4$ 产量极低，厌氧瓶顶空体积中 CH$_4$ 比例长期保持 20%～30%。对于加入零价铁粉的四个反应体系，均能在反应一定时间后进入正常的产甲烷阶段，加铁厌氧瓶在 TS 为 10% 下操作时，CH$_4$ 百分数曲线出现了两次突降见图 5.6（d），这是由于产甲烷过程恢复后，高含固反应器的容积产气量过大，当过量气体未及时排出时，过大的压力将厌氧瓶的胶塞冲开，CH$_4$ 造成散溢。

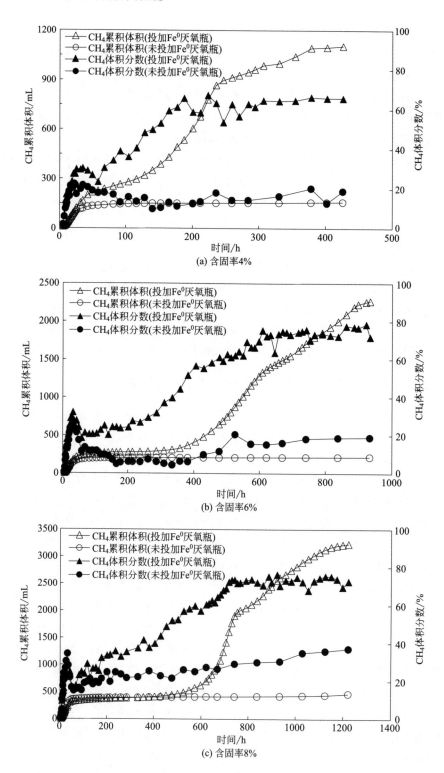

(a) 含固率4%

(b) 含固率6%

(c) 含固率8%

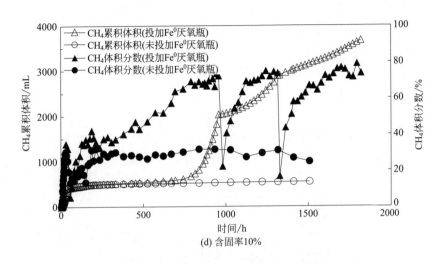

图 5.6　不同含固率下零价铁对"过酸化"现象的缓解

即使在大多数加铁厌氧瓶中，从出现"过酸化"到正常产甲烷阶段之间也存在不同程度的延滞期（$t_{lag}$），延滞期导致整体反应时间（$t_{total}$）增长。本书将正常产甲烷定义为产生气体中 $CH_4$ 体积百分数达到 $60\%$，表 5.3 描述了不同含固率下投加零价铁后厌氧瓶中物料的产甲烷特征。

表 5.3　不同含固率下投加零价铁后厌氧瓶中物料的产甲烷特征

| TS/% | 容积负荷/(gVS/L) | $t_{lag}$/h | $t_{total}$/h | 甲烷产率/(mLCH$_4$/gVS) | 最高甲烷产生速率/(mLCH$_4$/d) |
| --- | --- | --- | --- | --- | --- |
| 4 | 20 | 165 | 429 | 340.3 | 103.4 |
| 6 | 30 | 475 | 933 | 466.0 | 94.1 |
| 8 | 40 | 621 | 1221 | 495.0 | 195.7 |
| 10 | 50 | 693 | 1821 | 454.7 | 300 |

当厌氧反应瓶中含固率较低时（TS＝4%），$CH_4$ 的形成几乎未受到影响，$t_{lag}$ 仅 165h，水解酸化过程结束，进入产甲烷阶段，且 $CH_4$ 的体积分数可迅速达到 60% 以上，整个反应周期较短，仅 429h（约 18d）完成整个产甲烷过程；这意味着，在低含固率的湿式厌氧消化中，零价铁对高负荷下产生的"过酸化"现象具有十分明显抑制效果，并且在反应器中物料完成水解酸化后，跳过"过酸化"阶段，直接进入产甲烷过程，从而提高有机废物的处理效率。而随着含固率的上升，从酸化阶段恢复至正常产甲烷阶段所需时间也不断增长，当 TS 达到 8%，容积负荷为 40gVS/L 时，$t_{lag}$ 增长至 621h（约 26d），总反应时间 $t_{total}$ 为 1221h（约 51d）。造

成这种延迟现象的主要原因是由于当含固率较高时，物料黏度增大，流动性变差，零价铁和物料间的传质效率降低，从而减缓了反应速率和电子传递效率；另一方面，高固反应器中大量的有机物需要更多的时间去降解利用。从 $CH_4$ 产生情况分析，高负荷条件下 $CH_4$ 产率要高于低负荷时，而最高产甲烷速率也在含固率为 10% 时最大，达到 300mL/d。

（2）消化后沼液性质。对反应结束后所有厌氧瓶中沼液的 pH 值、SCOD、VFA、碱度进行分析，并计算各自的 VFA/ALK，结果如图 5.7 所示 [Fe（＋）表示投加零价铁厌氧瓶；Fe（－）表示未投加等价铁厌氧瓶]。

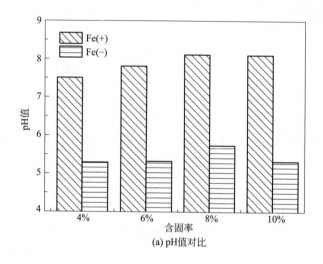

(a) pH值对比

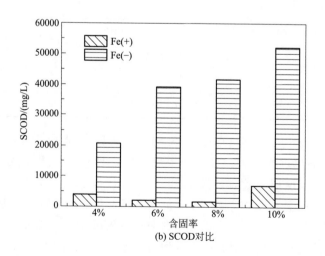

(b) SCOD对比

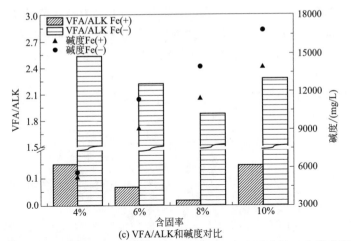

图 5.7　不同容积负荷（含固率）下投加零价铁反应器和未投加零价铁反应器中沼液性质的对比

从以上数据中也可直观看到，投加零价铁的厌氧瓶在反应结束时"过酸化"现象已经完全消除，而未投加零价铁的反应器无论何种 TS 条件下，均一直处于"过酸化"阶段。从两种类型厌氧瓶中碱度和 VFA/ALK 可以看出，投加零价铁后，沼液中碱度并没有出现明显增高，在高含固条件下，甚至低于未投加零价铁厌氧瓶中沼液的碱度，但投加零价铁后体系中的 VFA/ALK 要显著低于未投加零价铁。例如，在 TS 为 10% 时，投加零价铁和不投加零价铁反应瓶中沼液碱度分别为 13921.9mg CaCO$_3$/L 和 16852.8mg CaCO$_3$/L，VFA/ALK 分别为 0.15 和 2.28。

通过以上结论可以看出，零价铁对"过酸化"现象的抑制和消除的主要原因并非是为厌氧体系提供大量碱度，更为重要的是促进了 VFAs 的降解。因此，研究"过酸化"过程中在零价铁作用下 VFAs 的形成和降解特点显得十分必要。

## 5.4　零价铁对高负荷厌氧消化全过程中物质代谢的影响

在 5.3 研究内容的讨论中，对于沼液性质的分析均针对厌氧消化反应结束后，反应瓶内剩余物料各项指标的测定。因此，零价铁消除"过酸化"的过程相对来说是一"黑箱"，难以对零价铁在高负荷厌氧体系的作用进行深入研究。针对这一问题，笔者进一步分析了投加零价铁和未投加零价铁两种反应器中的发酵液指标，特别是对 VFAs 变化进行连续监测，其结果同时也是后续微生物分析时确定采样节点的重要依据之一。

### 5.4.1　试验方案设计

根据 5.3.2 的研究内容，确定适宜的零价铁投加量为 0.4gFe$^0$/gVS；根据 5.3.3 的结论，含固率太低，"过酸化"过程极短，不利于此阶段的分析取样，而含固率过高，又会使整个厌氧消化反应持续时间过长，取样次数过多。综合考虑两方面因素，本部分中的试验选取的反应体系的含固率为6％，在此条件下，既有一定长度的"过酸化"期，也能够突出零价铁消除"过酸化"的过程，同时整个反应周期处于合理范围内。

试验在改进后的AMPTSⅡ反应器中进行，改进方法如5.2.2所述。试验设置三种类型的反应器：

（1）投加零价铁的高负荷反应器（H_ZVI），接种比1∶2，反应器容积负荷30gVS/L；

（2）未投加零价铁的高负荷反应器（H_Control），作为高负荷条件下，H_ZVI的对照组；

（3）未投加零价铁但低负荷正常产甲烷反应器（L_Control），作为可产甲烷条件下，H_ZVI的对照组，接种比2∶1，反应器容积负荷11.5gVS/L。

由于单个AMPTSⅡ反应器的有效容积400mL，为保证试验的重现性，以及确保取样不会干扰正常的反应过程，每类反应器设置多个平行，其中，H_ZVI和H_Control由于反应周期长，各设置6个平行反应器，而L_Control反应周期短，设置3个平行反应器。

试验开始后，每次从其中一个平行反应器中取混合发酵液5mL，每个平行取样次数至多不超过10次（50mL），即1～10d从第一个反应器取样，11～20d从第二个反应器取样，以此类推。

### 5.4.2 不同类型厌氧消化反应器产气特征分析

对三种反应器的产气特征进行全过程分析，包括累积产气曲线和气体组分分析（$H_2$ 和 $CH_4$），其中，产气累积曲线由AMPTSⅡ中的C单元直接记录，气体成分通过从AMPTSⅡ的A单元和B单元间的采样口取样，然后利用GC进行测定。结果如图5.8所示。

反应器L_Control的累积产气率曲线呈现出上升平稳的特点，最终产气率为520mL/gVS。对于H_ZVI和H_Control两种高负荷反应器，从第2天起，均进入"过酸化"阶段；第9天开始，H_ZVI反应器的$CH_4$百分比开始逐渐上升，表明产甲烷活动开始恢复，到第19天时"过酸化"现象基本消除，进入产甲烷阶段；从第22天至第32天为产气高峰，大量气体在这期间产生，最终累积产气率达到715mL/gVS。而对于H_Control反应器，则出现了两种不同情况，其中4个反应器从开始至第60天停止运行，甲烷的占比都保持很低的水平，而另外两个反应器从第52～54天开始，甲烷的占比出现上升趋势，当反应结束时，分别达到55％和60％，但在测试周期内，它们的累积产气量没有明显增加。

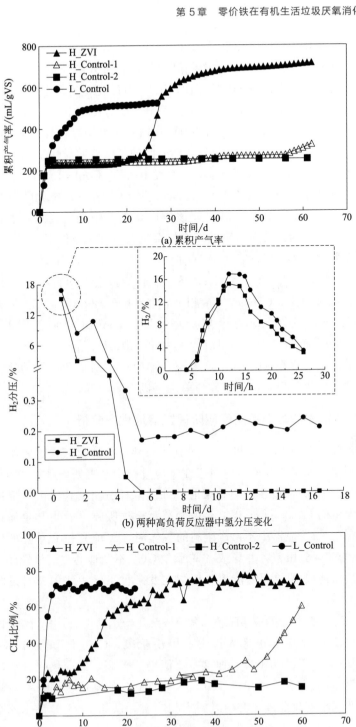

(a) 累积产气率

(b) 两种高负荷反应器中氢分压变化

(c) 三种反应器中甲烷比例变化

图 5.8　三种类型厌氧反应器产气特征分析

氢气的产生和降解决定了体系是否处于产酸期以及是否可以避免丙酸/丁酸等 VFAs 的积累。由于 L_Control 的产气过程很快就进入到产甲烷阶段，仅在反应开始后的第 1 天内，会有部分 $H_2$ 的存在，随后 $CH_4$ 迅速上升至 60% 以上，而 $H_2$ 不再检出。对于高负荷厌氧反应器，$H_2$ 体积分数明显高于 L_Control 反应器，特别在反应开始后第 1～3 天，H_ZVI 和 H_Control 内均存在较高的 $H_2$ 占比。但是，对于 H_ZVI 反应器，$H_2$ 体积分数随时间的下降要明显快于 H_Control，并在第 5 天下降到 0.05%，第 6 天 $H_2$ 分压降至 0；H_Control 的 $H_2$ 体积分数尽管在反应初期，也迅速下降，但从第 6 天开始达到稳定水平，基本保持在 0.15%～0.25%，约为 $10^{-3}$ atm（101.325Pa），该值远高于丙酸或丁酸向乙酸自发转化的范围。因此，零价铁的加入对于降低反应体系氢分压有积极作用。

三种反应器在运行的前两天，产气曲线基本重合，产气率约 220～240mL/gVS。同时，在此阶段内，$H_2$ 和 $CH_4$ 百分比较为接近，均为 15%～20%，可大致认为这段时间内 $H_2$ 和 $CH_4$ 产气量相似，各 110～120mL/gVS。因此，从总的产气率中扣除 $H_2$ 部分，即为甲烷产率。L_Control 反应器的甲烷产率为 420mLCH$_4$/gVS，而 H_ZVI 的甲烷产率为 595mLCH$_4$/gVS，比普通低负荷产甲烷反应器的甲烷产率提高 41.7%。这表明，零价铁在高负荷厌氧消化中，除能够抑制和消除"过酸化"现象，还能提高单位有机物的产甲烷能力。

### 5.4.3 有机生活垃圾不同反应阶段发酵液性质分析

对 H_ZVI、H_Control 和 L_Control 三种反应器反应全过程中发酵液的各项指标进行测定，如图 5.9 所示。对于在反应过程中一直处于严重"过酸化"的反应器（H_Control-2），仅在反应结束时，才能取样分析。这是由于反应器产酸过程中会产生大量的 $CO_2$，并被 B 单元中的氢氧化钠吸收，因此 B 单元顶空部分基本无 $CO_2$ 存在，当反应器中不再产生新的气体时，A 单元和 B 单元的顶空部分仍会存在一定的 $CO_2$ 分压差，并导致 A 单元中 $CO_2$ 不断地通过气体管路进入 B 单元并被吸收，从而造成 A 单元内产生负压，在此条件下，用注射器对发酵液进行取样分析较为困难。

H_ZVI 反应器中发酵液 pH 值从第 16 天开始迅速上升，第 21 天时即可恢复至 6.5 左右，此时反应器也进入正常产甲烷阶段，$CH_4$ 体积百分数达到 60%；VFA/ALK 从第 21 天开始下降，但这一比值仍然较高，反应器仍具有严重的酸化风险，直到第 40 天左右，才降低至 0.4。而 SCOD 的降低也同样相对滞后，基本与甲烷累积产气率变化曲线上升的时间点相吻合，从第 24 天开始迅速下降，反应结束时稳定在 3000mg/L 左右。综合来看 pH 值、VFA/ALK 和 SCOD 的变化，pH 值能够最为迅速、直观地反映零价铁对"过酸化"现象的消除。但是，pH 值的回升却滞后于反应器中 $H_2$ 占比的降低和 $CH_4$ 占比的回升，这说明，零价铁与

反应器中过量 $H^+$ 的化学反应，并非是"过酸化"消除的主要途径。

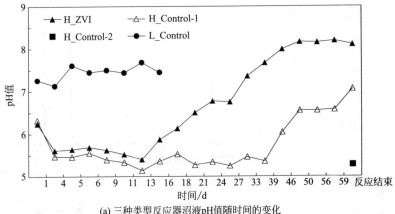

(a) 三种类型反应器沼液pH值随时间的变化

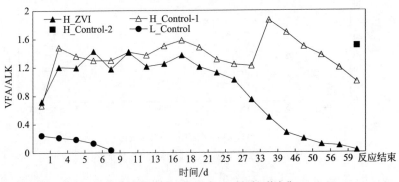

(b) 三种类型反应器沼液VFA/ALK随时间的变化

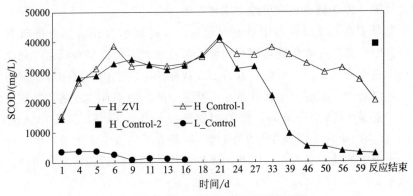

(c) 三种类型反应器沼液SCOD随时间的变化

图 5.9

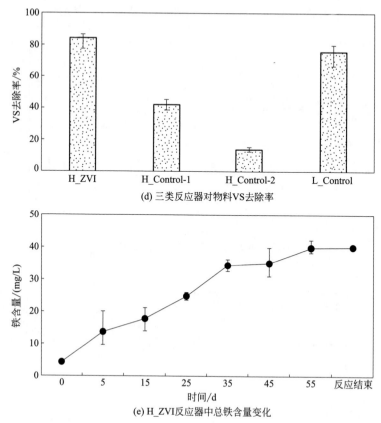

(d) 三类反应器对物料VS去除率

(e) H_ZVI反应器中总铁含量变化

图 5.9　厌氧反应全过程发酵液性质分析

对于物料 VS 去除率，H_ZVI 的 6 个反应器平均为 84.4%，明显高于其他反应器。其中，同样正常产甲烷的 L_Control 反应器，平均 VS 去除率为 75.8%，这一结论与 H_ZVI 具有更高甲烷产率相一致。

本研究对 H_ZVI 反应器中总铁含量随反应时间的变化规律进行研究。由于不同反应器中可能存在零价铁被沉积物覆盖包裹或者零价铁自身团聚等现象，导致零价铁反应速率有所差异，因此，取每 10d 数据的平均值作为这一阶段中间一天的铁浓度。可以看出，发酵液中铁含量是不断累积的，特别在"过酸化"现象消除和甲烷大量产生期间（15～35d），铁的浓度迅速增加。最终，沼液中铁浓度约为 40mg/L。反应结束后，沼液 TS 约为 4%，换算为干沼渣中铁含量约为 1mg/g，该值远低于土壤中的铁元素含量。因此，零价铁投加不会对后续沼渣、沼液的处理或回用造成不良影响。

### 5.4.4 零价铁对高负荷厌氧反应中 VFAs 组分演变的影响

如前文所言，零价铁消除"过酸化"现象主要是通过促进体系中 VFAs 的转化和降解利用得以实现的。本试验在之前基础上，通过对全过程 VFAs 进行测试分析，探讨零价铁对促进 VFAs 组分演变的作用。图 5.10 对比了 H _ ZVI、H _ Control 和 L _ Control 三种反应器在不同反应时期 VFAs 组成及各组分浓度的变化。正戊酸由于浓度很低（<20mg/L），因此被忽略。

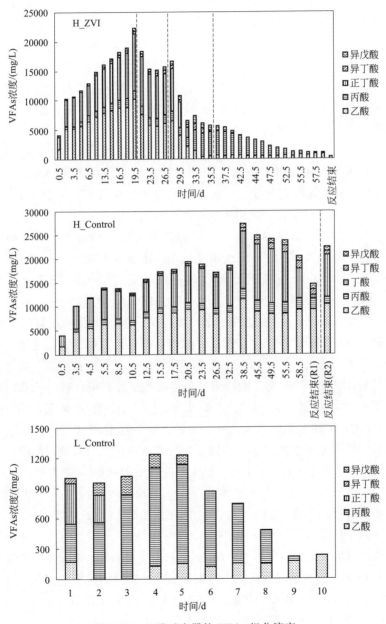

图 5.10　三种反应器的 VFAs 组分演变

在 L_Control 反应器中，总的 VFAs 浓度一直保持较的浓度，在反应第 4 天达到最高，约为 1240mg/L。在第 1 天，丁酸占比最高（40%），其次为丙酸（35%），但均未造成累积和"过酸化"现象，丁酸占比从第 2 天开始迅速下降，第 3 天不再检出；与此同时，丙酸浓度和占比上升，并在第 4～5 天时达到最大，随后浓度逐渐下降，而乙酸浓度从第 4 天开始，一直保持在 150mg/L 左右，这表明，该反应器中，乙酸的产生和降解基本保持平衡。

对于 H_ZVI 反应器，结合产气特征，基本可将 VFAs 的演变分为四个阶段。

第一阶段（0～19.5d），总 VFA 浓度迅速增加，第 19.5 天时，达到 22000mg/L，VFA 主要为丁酸和乙酸，所占比例分别为 45% 和 40%，同时也有少量丙酸产生。此外，该阶段前期还产生了大量的 $H_2$，这些特征均表明，此阶段下，发酵类型以丁酸型发酵为主。

第二阶段（20.5～26.5d），主要对应零价铁消除"过酸化"现象，$CH_4$ 占比逐渐上升并恢复至较高范围，同时，由于乙酸降解、丁酸不再积累，总的 VFAs 浓度开始下降，pH 值恢复至 6.5 以上，此时各项指标表明，丁酸型发酵已完成，同时，在零价铁的作用下，嗜氢产甲烷菌的活性也开始恢复。

第三阶段（27.5～35.5d），这一阶段为各类 VFAs 的转变期，其中，丁酸浓度从 7200mg/L 降至 0，乙酸也出现明显减少，浓度从 6500mg/L 降至 500mg/L，但是丙酸浓度却从 1600mg/L 升高至 4300mg/L。由于在低的氢分压条件下（$< 10^{-5}～10^{-4}$atm，1.01325～10.1325Pa），丁酸比丙酸更容易转化为乙酸，被产甲烷菌利用。基于几种 VFAs 浓度的变化，现假设：体系中原先积累的丁酸被全部转化为乙酸，而这部分乙酸又同步被产甲烷菌利用产生甲烷。为证实这一假设，对该阶段中的碳平衡进行计算，体系中全部丁酸可产生 4532mg 乙酸，加上本阶段中乙酸的削减量，共约 6700mg 乙酸作为产甲烷菌基质被利用；通过计算，理论上可产生 $CH_4$ 111.67mmol（2500mL），而事实上，$CH_4$ 在此阶段产 $CH_4$ 2200～3000mL。因此，丁酸全部转化为乙酸，并被产甲烷菌利用这一假设成立。根据此理论，丙酸的增长并不是由于丁酸的转化，而主要是从之前未被产酸菌利用的可溶性水解产物进一步降解得到。即 H_ZVI 反应器中的产酸发酵类型由最初的丁酸型发酵转变为丙酸型发酵。由于整体上 VFAs 总浓度在持续下降，新产生的丙酸并不会对产甲烷过程形成抑制。VFA/ALK 在此阶段从 1.4 降低至 0.55 左右，体系的酸化风险不断降低。

第四阶段（36.5d 至结束），VFAs 组成和浓度接近 L_Control 反应器在中后期 VFAs 的特征，包括维持较低的乙酸浓度和丙酸随时间的完全转化降解。

在 H_Control 反应器中，丁酸一直为 VFAs 的主要成分（40%～50%），但 H_Control-1 从第 55.5 天丁酸浓度开始下降，相应地，从图 5.8（a）和（c）可知，此时产甲烷过程有所恢复。这表明，在以模拟有机生活垃圾为基质的高负荷厌氧消化中，丁酸的积累是造成体系"过酸化"的主要原因，而零价铁的加入，能够明显促进丁酸的转化降解。此外，相比 H_ZVI，H_Control-1 反应器在丁酸降低前，乙酸浓度一直保持较高的范围，即产甲烷菌仅从丁酸降低时开始恢复活性，这就会使"长期放置'过酸化'发酵液是否会恢复产甲烷"这一问题具有很大随机性。"过酸化"现象出现后，当体系 pH 值降低的程度至并不能彻底抑制产甲烷菌活性时，随着时间推移，产甲烷菌逐渐适应这一体系后，其活性一定程度会恢复。但如果最初"过酸化"现象十分严重，产甲烷菌活性彻底丧失，那么再长时间的培养也难以将其"激活"，这也是 H_Control 反应器在运行后期出现不同现象的原因。

## 5.5　零价铁对严重酸化反应器甲烷化过程的恢复

在 5.3 和 5.4 两部分中，与消化底物同时加入的零价铁表现出对高负荷厌氧消化反应器良好的调控能力，使反应器自身的抗酸化能力大幅提升。但在实际工程应用中，常常存在需要对已经发生严重酸化现象的反应器进行调整的情况。因此，在本章重点讨论了当厌氧消化反应器出现"过酸化"后，投加零价铁能否实现"过酸化"现象的消除和甲烷化过程的恢复。另外，不同尺度零价铁对"过酸化"现象的消除效果是本部分主要讨论的内容。

### 5.5.1　零价铁对"过酸化"现象的消除

本试验在 1.5L 批式厌氧反应装置中完成（见图 5.4）。物料与接种物混合液 TS 为 6%，容积负荷 30gVS/L。用三个反应器分别研究铁粉（PZVI）和铁屑（SZVI）对"过酸化"现象的消除，并与未投加零价铁的体系进行对比。试验共进行 105d，在第 45 天时向两个反应器分别投加零价铁粉和铁屑。整个反应过程中产生气体甲烷百分数、发酵液 pH 值和 VFA/ALK 变化情况如图 5.11 所示。

在三个反应器运行的前 45d，均出现了较为严重的"过酸化"现象，产生气体中 $CH_4$ 含量低，pH 值在 5.2～5.4，VFA/ALK 值远大于系统稳定时的范围。第 45 天时向其中两个反应器投加零价铁后，"过酸化"程度趋于减轻，其中，投加零价铁粉的反应器经过 20d 后，$CH_4$ 体积分数达到 60% 左右，对于投加铁屑的反应器，这段延滞期需要 35d，而未投加零价铁的体系，$CH_4$ 体积分数一直低于 30%。三个反应器投加零价铁前后的 pH 值和 VFA/ALK 变化规律同各自反应器中 $CH_4$ 体积分数的变化一致，这些指标均表明"过酸化"现象完全消除。从图 5.11 的结果可以看出，向已产生严重"过酸化"现象的厌氧体系投加零价铁，对促进其产甲烷过程恢复是有积极作用的。

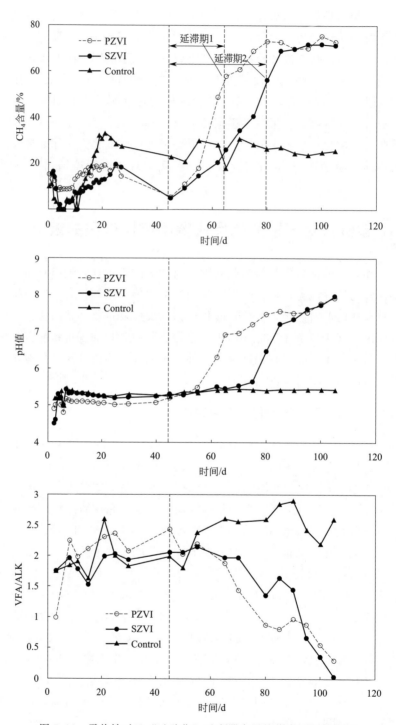

图 5.11　零价铁对已"过酸化"反应器产甲烷代谢过程的恢复

### 5.5.2　零价铁粉和铁屑对 VFAs 组分演变的影响

对三种反应器在"过酸化"时以及投加不同类型零价铁后，反应器发酵液中的 VFAs 组成进行分析，结果见图 5.12。

同 5.4.4 部分结论类似，无论铁粉还是铁屑加入已产生"过酸化"的厌氧体系后，发酵液中乙酸占比均首先下降，当下降至一定水平后，丁酸开始降低，从而使体系总 VFAs 浓度不断下降。加入铁屑的反应器比铁粉需要更长时间使 VFAs 浓度降低，但是这部分时间主要用于乙酸浓度的降低，而对于丁酸浓度降低所用时间两者基本相同，均为 10d 左右（铁粉反应器从第 65 天～第 75 天，铁屑反应器从第 80 天～第 90 天）。从这些分析可知，零价铁促进总 VFAs 浓度降低的关键在于促进产甲烷菌对乙酸的利用。

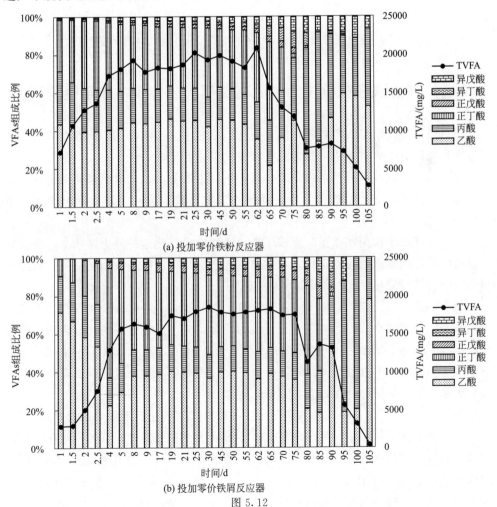

图 5.12

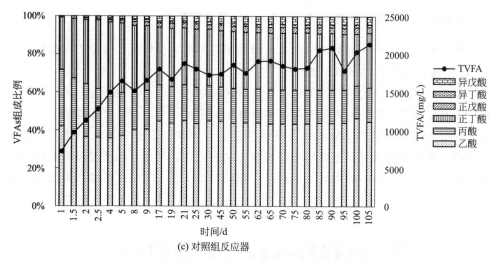

(c) 对照组反应器

图 5.12 零价铁粉和铁屑消除"过酸化"过程中 VFAs 组分的演变

## 5.6 零价铁在有机生活垃圾高负荷厌氧体系中作用机制初探

根据以上研究结果，零价铁可能主要从以下三方面发挥作用，实现对高负荷有机生活垃圾厌氧消化过程中"过酸化"现象的抑制和消除：

（1）提高嗜氢产甲烷菌活性，将体系中 $H_2$ 转化为 $CH_4$，降低体系氢分压；

（2）提高嗜乙酸产甲烷菌活性，降低体系中乙酸浓度，一定程度上提高体系 pH 值；

（3）在前两个作用基础上，克服丁酸向乙酸自发转化这一热力学能垒，拉动转化反应朝着乙酸形成的方向进行，从而继续为产甲烷菌提供可利用的基质，最终实现 VFAs 总浓度降低，pH 值回升至适宜范围。

至于零价铁与反应体系中 $H^+$ 发生置换反应，使 pH 值提高，本研究认为其对于体系稳定作用较小，原因如下：该反应为物化反应，反应速率快，且会形成大量 $H_2$，但是，在实际测试中，体系 pH 值是缓慢上升的，在投加零价铁的前几天，甚至没有明显的 pH 值上升。此外，投加零价铁的体系，氢分压不但没有升高，反而低于未投加零价铁的体系，并且下降更快。

图 5.13 反映了这三种途径共同作用，实现对"过酸化"现象消除的机理。

在"过酸化"体系中，氢分压较高，零价铁会首先提高种间氢传递（IHT）作用效率，该过程将水解酸化过程产生的 $H_2$ 作为电子供体，提供给嗜氢产甲烷菌，以实现还原 $CO_2$ 为 $CH_4$，从而降低氢分压[106]；与此同时，零价铁为嗜乙酸产甲烷菌提供电子，促进其对乙酸的代谢；当氢分压和乙酸浓度都降低至一定程度后，

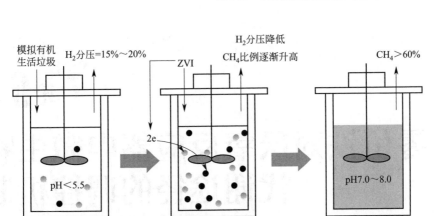

图 5.13　零价铁消除高负荷厌氧消化中"过酸化"机理示意图（见彩色插页）

产氢产乙酸过程恢复，丁酸能够自发向乙酸转化，并进一步被产甲烷菌利用，体系酸化状态不断趋好，直至"过酸化"现象完全消除。此外，鉴于在 VFAs 转化过程阶段，丁酸浓度能够迅速降低，形成乙酸，并同步被产甲烷菌利用，因此，此时可能存在直接种间电子传递（DIET）途径，使产乙酸菌同产甲烷菌之间形成的互营氧化体系，在某种具有导电功能的微生物存在下，实现电子的胞外传递，促进甲烷产生。

　　但是，无论是 IHT 机制或者 DIET 机制的确定，均需建立在对反应体系中微生物群落结构的分析基础上。因此，有必要进一步讨论零价铁对厌氧群落结构的影响，以及这种影响对"过酸化"消除和"产甲烷"促进的作用。

第**6**章

# 零价铁对厌氧反应器中微生物代谢途径的调控机制

本章是在之前零价铁能够抑制、消除"过酸化"现象的研究基础上，对H_ZVI在反应器启动、"过酸化"现象产生及消除、丁酸型发酵向丙酸型发酵转型和正常产甲烷等不同反应阶段下微生物的群落组成进行测序分析；并与H_Control和L_Control两类反应器各自典型反应阶段下的微生物信息进行对比；通过分析某些微生物丰度变化特征以及不同类型微生物相互间作用关系，研究零价铁对反应器中微生物群落结构演变的影响，探明零价铁对水解产酸和产甲烷过程中主要微生物代谢途径的调控机制，进一步阐释零价铁消除"过酸化"现象以及提高厌氧消化产率的微生物机理。

## **6.1** 微生物群落多样性分析及特定微生物定量分析方法

### 6.1.1 样品中微生物群落分析方法

本研究采用 HiSeq 2000 测序平台对序批式反应器中发酵液的微生物群落结构进行分析，主要包括细菌群落、古菌群落和含有产甲烷特有的 *mcrA* 功能基因的微生物。

首先，利用试剂盒（PowerFecal DNA Isolation Kit，Code No. 12830-50，Anbiosci Tech Ltd，中国）对样品中 DNA 进行提取。提取步骤如下：0.15g 发酵液中固相置于 Dry Bead Tube（干熔珠管）中→加入 750μL Bead Solution（珠液）和 60μL C1 缓冲液到 Dry Bead Tube 中，并轻轻旋转混匀→65℃水浴加热 10min，

以加快样品中细胞表面脂肪酸、脂肪、多糖、盐分与缓冲液的反应，加速细胞裂解→将 Bead Tubes（珠液）水平放置到涡旋仪适配器上，最大转速涡旋震荡10min，使细胞破裂→13000r/min 离心 1min→将上清液转移至 Collection Tube（收集管）中→加入 $250\mu L$ C2 溶液，混匀后，4℃下静置 5min，以此将多糖、细胞碎片和蛋白质等非 DNA 物质沉淀，提高 DNA 纯度→13000r/min 离心 1min→将上清液转移至 Collection Tube 中→加入 $200\mu L$ C3 溶液，混匀，4℃下静置 5min→13000r/min 离心 1min→将上清液转移至 Collection Tube 中→加入 $1200\mu L$ C4 溶液，涡旋 5s 混匀，使 DNA 牢牢吸附在硅胶滤膜上→加载 $650\mu L$ 上清液到一个 Spin Filter 中，13000r/min 离心 1min，去除滤液，如此反复 3 次，使 DNA 最大程度留在滤膜上→加入 $500\mu L$ C5 溶液，13000r/min 离心 1min→弃掉滤液，再次13000r/min 离心 1min，保证 C5 溶液全部去除→将 Spin Filter 转移至 Collection Tube 中→用 $100\mu L$ C6 溶液洗脱硅胶离心柱上的 DNA→13000r/min 离心 1min，弃去 Spin Filter，此时 Tube 管中即为提取出的 DNA。

利用 1% 琼脂糖凝胶电泳检测抽提的基因组 DNA。然后选取两对特异引物（表 6.1）分别对细菌 16s rRNA V4 区、古菌区域以及 *mcrA* 功能基因的区域进行 PCR 扩增。

PCR 仪型号为 ABI GeneAmp ®9700，选用的反应体系为：TransGen AP221-02：TransStart Fastpfu DNA Polymerase；PCR 扩增条件见表 6.2。

**表 6.1　本研究中用于 DNA 扩增的引物序列**

| 目标区域 | 引物序列(5'-3') | 引物大小/bp | 参考文献 |
|---|---|---|---|
| 细菌 V4 区 | 515F: GTGCCAGCMGCCGCGGTAA<br>806R: GGACTACHVGGGTWTCTAAT | ~254 | [107] |
| 古菌 | U519F: CAGYMGCCRCGGKAAHACC<br>U806R: GGACTACNSGGGTMTCTAAT | ~288 | [108] |
| *mcrA* 功能基因 | Forward: GGTGGTGTMGGATTCACACARTAYGCWACAGC<br>Reverse: TTCATTGCRTAGTTWGGRTA GTT | 464~491 | [109] |

**表 6.2　PCR 扩增条件**

| 扩增条件 |
|---|
| 95℃预变性,5min |
| 95℃变性,30s<br>58℃退火,30s　35 次循环 |
| 72℃延伸,25s(*mcrA* 为 30s) |
| 72℃延伸,7min |

每个样本设置 3 次重复，用 2% 琼脂糖凝胶电泳检测同一样本 PCR 产物的特异性；切胶回收 PCR 产物，并用 Tris_HCl 将 DNA 洗脱，选用的试剂盒为 Axy

Prep DNA 凝胶回收试剂盒（AXYGEN 公司）。利用 QuantiFluor$^{TM}$-ST 蓝色荧光定量系统（Promega 公司）对 PCR 产物进行检测定量，并根据各样本测序量要求，按相应比例混合后，由北京赛默百合生物科技有限公司上机测序。

利用 Illumina HiSeq 测序平台完成对扩增子的测序，测序采用双端测序法（2×250bp）。对获得的原始测序数据用 FastQC（版本 v0.11.4）进行碱基质量统计，用 R 统计软件对结果进行可视化。在此基础上，优化得到的数据。

测序数据使用软件 UPARSE（版本 8.0.1517）、QIIME（版本 1.9.1）和 R（版本 3.2.3）共同处理，用 Trimmomatic（版本 0.36）对双端数据中质量较低的碱基和接头的污染进行去除。使用 UPARSE 软件对所有序列按它们相互间的相似性进行聚类操作，相似度不小于 97％的序列划归为一个可操作分类单元（OTU），并进行生物信息统计分析[110]。

使用软件 Greengenes（版本 13.8）[111] 中的 RDP 分类器（版本 2.2）[112] 对代表序列进行分类，分析物种组成，可信度设置为 0.8，RDP 分类器分类结果可以对细菌和古菌分别在门、纲、目、科、属分类等级进行统计；相类似，使用 Kaiju 分类器（版本 1.4）[113] 对 *mcrA* 功能基因测序所得的代表序列进行生物信息分类。

### 6.1.2 微生物群落结构多样性分析方法

在分析出微生物群落结构后，按照表 6.3 中所列方法对微生物种群与反应器运行效果间的关系进行分析。

**表 6.3　环境微生物群落信息分析方法与手段**

| 分析内容 | 方法与手段 |
|---|---|
| 相关性分析 | Pearson 分析,SPSS(v. 20) |
| α 多样性分析 | Chao1 指数、Shannon 指数,Muthur(v1.36.1) |
| β 多样性分析 | PCA、UniFrac 分析,Muthur(v1.36.1) |
| 典型对应分析 | CCA 分析,CANOCO (v4.5) |

### 6.1.3 反应体系中特定微生物的 qPCR 定量分析

根据高通量测序结果，对不同阶段下样本中细菌、古菌、*mcrA* 功能基因，以及具有 *mcrA* 功能基因的两种主要产甲烷菌 Methanobacteriales（目水平）和 Methanosaetaceae（科水平）的数量进行 qPCR 绝对定量检测。根据相关文献，设计引物如表 6.4 所示。试验过程所用荧光定量 PCR 仪型号为 ABI PRISM®7500。qPCR 操作由北京赛奥吉诺生物科技有限公司完成。

表 6.4 五种目标物种 DNA 的 qPCR 引物设计

| 检测种类 | 引物名称 | 序列(5′→3′) | 温度 | 文献 |
|---|---|---|---|---|
| 古菌 | Arch 931F<br>ArchM1100R | AGGAATTGGCGGGGGAGCA<br>BGGGTCTCGCTCGTTRC | 64℃ | [114] |
| 细菌 | Bac338F<br>Bac518R | ACTCCTACGGGAGGCAGC<br>GTATTACCGCGGCTGCTGG | 61℃ | [115] |
| *mcrA* | *mcrA*-F<br>*mcrA*-R | TTCGGTGGATCDCARAGRGC<br>GBARGTCGWAWCCGTAGAATCC | 60℃ | [116] |
| Methanobacteriales<br>（目水平） | MBT857F<br>MBT1196R | CGWAGGGAAGCTGTTAAGT<br>TACCGTCGTCCACTCCTT | 58℃ | [117] |
| Methanosaetaceae<br>（科水平） | Mst702F<br>Mst862R | TAATCCTYGARGGACCACCA<br>CCTACGGCACCRACMAC | 61℃ | [118] |

分别对五个基因进行 PCR 扩增。反应体系为 2xMix 25$\mu$L，正向引物（10$\mu$mol）1$\mu$L，反向引物（10$\mu$mol）1$\mu$L，模板 DNA 100ng，灭菌水 ddH$_2$O 最多 50$\mu$L；PCR 反应条件见表 6.5。

表 6.5 目的基因实时定量分析的 PCR 扩增条件

| 扩增条件 |
|---|
| 95℃预变性,5min |
| 94℃变性,30s ⎫ |
| 58℃退火,30s ⎬ 33 次循环 |
| 72℃延伸,30s ⎭ |
| 72℃延伸,10min |

PCR 反应完毕后，产物使用 1%琼脂糖凝胶电泳检测扩增结果，然后切取并回收 DNA 目的片段。回收后的目的片段连接至 T-easy Vector 载体，转化相应感受态细胞，在固定培养基中进行培养。然后提取质粒或单菌落，用 PCR 鉴定阳性克隆。经鉴定正确的质粒检测 OD 值，按式(6-1)计算出拷贝数。

$$(6.02 \times 10^{23}) \times (\text{ng}/\mu\text{L} \times 10^{-9})/(\text{DNAlength} \times 660) = \text{copies}/\mu\text{L} \qquad (6\text{-}1)$$

由于载体 pGEM-T easy 长度 3015bp，因此计算每个基因的 DNA 长度时，需将单个基因长度与载体长度相加。依据倍比梯度稀释方法，设置 $10^9$copies、$10^8$copies、$10^7$copies、$10^6$copies、$10^5$copies、$10^4$copies、$10^3$copies、$10^2$copies 的标准样品，并构建标准曲线。

选用 SYBR Master Mix 试剂盒（KAPA，美国），如表 6.6 建立荧光定量 PCR 反应体系。

表 6.6　荧光定量 PCR 反应体系

| 试剂 | 使用量 |
|---|---|
| 2×Master Mix | 10.0μL |
| PCR Forward Primer(10μmol) | 0.4μL |
| PCR Forward Reverse(10μmol) | 0.4μL |
| 灭菌蒸馏水 | 8.0μL |
| Template DNA | 1.0μL |
| Total | 20.0μL |

将各反应管放入荧光定量 PCR 仪进行扩增，扩增条件根据试剂盒提供的说明书确定。使用 7500 System SDS Software v2.0.6 软件分析试验结果。

## 6.2 厌氧反应器微生物样品取样阶段的确定

5.4.4 中，根据三种类型反应器不同时期产气情况和发酵液特性，每类反应器菌划分了多个反应阶段。本章用同样物料进行重复试验，根据划分的反应阶段在不同时间点进行微生物采样。为保证样品的代表性，同时考虑到不同反应器之间可能存在反应速度不一致，采样时间点均为每个阶段中间时刻。对于 H_ZVI 反应器，共设置 5 个微生物取样点，而 H_Control 和 L_Control 反应器，各设置 3 个取样点。采样点时间和各时间点反应器运行特征如表 6.7 所列。

表 6.7　三种反应器各自微生物采样时间点

| 反应器 | 取样阶段 | 取样时间 | 该阶段反应器运行特征 |
|---|---|---|---|
| H_ZVI | ZVI-S1 | 第 1.5 天 | 丁酸型发酵的产酸发酵阶段,大量产生乙酸和丁酸 |
| | ZVI-S2 | 第 12.5 天 | 以丁酸为主的"过酸化阶段" |
| | ZVI-S3 | 第 22.5 天 | 甲烷占比逐步升高,乙酸开始降解 |
| | ZVI-S4 | 第 27.5 天 | 产甲烷速率最大,丁酸转化为乙酸并被及时利用,发酵类型转型为丙酸型发酵 |
| | ZVI-S5 | 停止运行 | 经过较长时间产甲烷后,反应器进入稳定状态 |
| H_Control | NZVI-S1 | 第 1.5 天 | 同 ZVI-S1 阶段类似 |
| | NZVI-S2 | 第 27.5 天 | 同 ZVI-S2 阶段类似 |
| | NZVI-S3 | 停止运行 | 产气量很少,VFAs 仍然浓度很高 |
| L_Control | BMP-S1 | 第 1.5 天 | 水解酸化阶段结束,反应器中丙酸和丁酸含量较高 |
| | BMP-S2 | 第 7.5 天 | 产甲烷速率达到最大 |
| | BMP-S3 | 停止运行 | 经过较长时间产甲烷后,反应器进入稳定状态 |

每类反应器做 4 个重复，以保证反应器运行及测序结果的数据可靠性，因此，本试验总共收集微生物样品 44 个。在反应前期获得的样品，先行对样品 DNA 进行提取，提取后的 DNA 置于 -80℃ 冰箱中进行保存，待所有样品收集后，同时进行高通量测序、实时 PCR 定量检测和生物信息分析。

## 6.3 零价铁对反应器中细菌群落结构演替的影响

### 6.3.1 测序原始数据质量评估

根据 6.1.1 的方法，以细菌 V4 区为目标区域，进行 PCR 扩增，并对扩增子进行 16s rRNA 高通量双端测序。对所得的原始数据进行碱基质量统计，结果如图 6.1 所示。

在图 6.1 中，箱线图代表在每个位置上所有碱基的质量值分布，其中矩形是 25%～75% 测序质量区间，粗线代表中位数，箱线图最上方短线代表 90%，最下方短线代表 10%。纵坐标 Q20 的位置表示出错概率为 0.01，当中位数所对应的质量值大于 20 或 10% 所对应的质量值不小于 5，即可接受。从图 6.1 中可以看出，R1 全部和 R2 绝大部分碱基的测序质量非常好，仅在 R2 端测序的末尾（248～250bp）测序质量稍有降低，这是由于随着测序进行，试剂消耗等原因所致，但不影响后续的数据分析。

R1 和 R2 的测序分别得到序列数 5 702 781reads，碱基数 1 425 695 250bases。

### 6.3.2 细菌群落结构组成

将测序得到的序列按 97% 的相似水平进行 OTU 划分，并对这些 OTUs 的代表序列进一步在门、纲、目、科、属等级上分类。通过计算 4 个重复样本在门水平上细菌丰度的平均值，对每个阶段下反应器中的细菌群落结构组成进行分析。图 6.2 为主要细菌种类（丰度大于 2%）在不同反应阶段的演替规律。

总体上，在不同类型的有机生活垃圾厌氧反应器中，细菌群落在门水平上均以 Firmicutes，Chloroflexi，Bacteroidetes，WWE1 和 Proteobacteria 这几类细菌为主，这点和前人的研究结果类似[56]。但是，由于各反应器在不同阶段下，环境因子随时发生变化，关键细菌种类的丰度也随之改变。

在投加零价铁反应器的早中期（ZVI-S2 和 ZVI-S3），Chloroflexi 和 WWE1 为优势菌群，这两类菌可对糖类发酵，产生乙酸和其他短链脂肪酸，这表明，零价铁

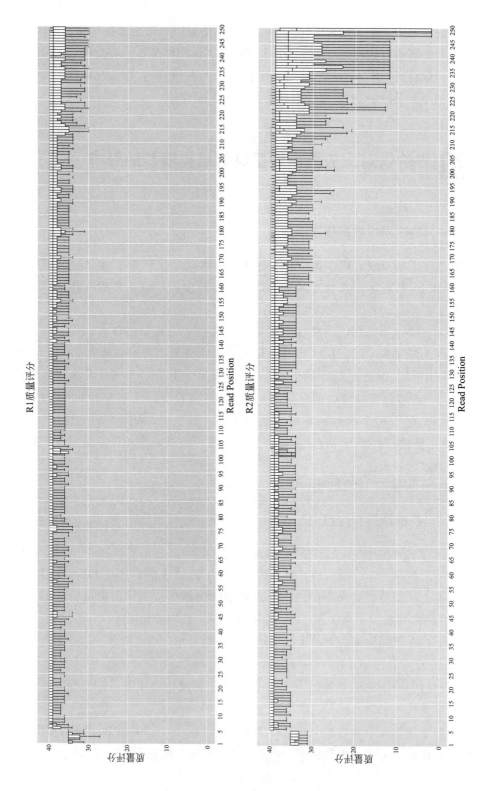

图 6.1 细菌 V4 区 16s rRNA 高通量测序的碱基质量分布图（R1 和 R2 双端测序）

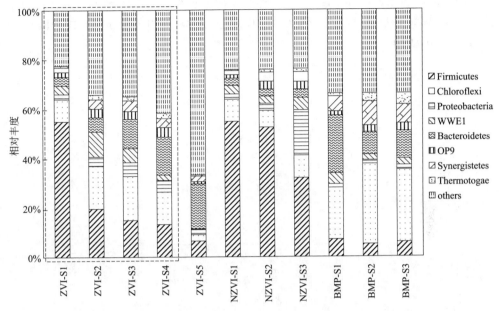

图 6.2　不同类型反应器中细菌群落结构的演替规律

可以促进有机物质的生物降解能力。另外，Firmicutes 在 H_ZVI 和 H_Control 这两种高负荷反应器最初阶段均占有绝对优势，其丰度分别为 54.97% 和 54.95%，远高于 L_Control 反应器中 Firmicutes 的丰度；该菌独特的代谢特点是形成这种差异的主要原因，Supaphol 等[119] 研究发现，Firmicutes 可以释放胞外酶以水解纤维素、油脂和蛋白质，因此，高负荷反应器中，会为其提供更有利于生存的环境条件。这些较高丰度的微生物可能在水解阶段对大量有机废物的生物降解发挥了重要的作用。本研究中，在鉴定出的 Firmicutes 门细菌中，绝大多数为 *Streptococcus* 属，该菌属常常在高负荷厌氧反应器中出现[120]。当 H_ZVI 反应器中"过酸化"现象消除后，Firmicutes 的丰度会迅速降低，在 ZVI-S5 阶段，其丰度降低至 6.45%，接近 L_Control 反应器中该菌丰度。物种 OP9 的代谢特性和 Firmicutes 类似，在厌氧条件下，均可对糖类进行水解和产酸发酵，并产生乙酸和 $H_2$[121]；因此，H_ZVI 反应器启动阶段较高的 OP9 丰度，同样意味着零价铁的加入有助于增强物料的水解-酸化过程，而图 5.10 也印证了这一点，H_ZVI 反应器在 ZVI-S2 阶段总 VFAs 浓度可达到 22325mg/L，而在同样时期，H_Control 反应器中总 VFAs 浓度为 19346mg/L。这些结论与冯应鸿等人研究结果类似，他们发现，随着零价铁投加量增加，可溶性蛋白质和糖的含量降低，而 VFAs 产量却升高[83]。

Firmicutes 门下另外一类与高负荷反应器运行性能密切相关的细菌种群是 *Clostridium butyricum*（*C. butyricum*），该菌是一种常见的产氢产酸菌，其主要产生的 VFAs 包括乙酸和丁酸[55]，这种细菌的大量存在，也解释了高负荷反应器前期产酸类型是以丁酸型发酵为主的原因。图 6.3 为各反应器中不同阶段 *C. butyricum* 的丰度。

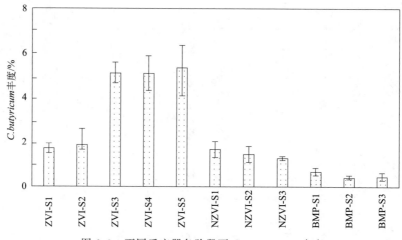

图 6.3　不同反应器各阶段下 *C. butyricum* 丰度

其中，在 H_ZVI 反应器的 S3-S5 阶段，*C. butyricum* 的丰度显著增加至 5.10％、5.09％和 5.35％，但是在这几个阶段，H_ZVI 反应器中氢分压已经基本降低至 0，而丁酸浓度也开始向乙酸转化，这一看似较为矛盾的现象可能表明，当"过酸化"现象已被缓解的条件下，由 *C. butyricum* 产生的 $H_2$ 或丁酸会被其他微生物的代谢途径所利用。例如，本研究中，在 H_ZVI 反应器中互营单胞菌属 *Syntrophomonas* 的丰度要明显高于 H_Control 和 L_Control 反应器；在 ZVI-S5 阶段下，共检测出∼7886 条 *Syntrophomonas* 的序列，丰度为 9.1％，而在 NZVI-S3 阶段下，共检测出∼307 条序列，丰度 0.4％，在 BMP-S3 阶段下，共检测出∼1457 条序列，丰度为 1.86％；而 *Syntrophomonas* 是一种互养型的丁酸氧化菌，可以将丁酸转变为乙酸。

从以上分析可以看出，零价铁的加入可提高厌氧早期水解菌的占比，使有机生活垃圾中大分子有机物迅速降解为小分子；进一步，零价铁可有助于提高某些功能细菌的丰度，特别是具有共生关系的 *C. butyricum* 和 *Syntrophomonas*，这样可为反应体系提供更多后续产甲烷所需基质的同时，不会形成由于丁酸过量累积而造成的"过酸化"现象。

### 6.3.3　细菌群落 α 多样性分析

对三种反应器各自不同反应阶段时样本内部的细菌群落物种多样性进行计算、分析，包括反映菌群丰度的 Chao1 指数和反映菌群多样性的 Shannon 指数。图 6.4 为全部 44 个样本的 Chao1 和 Shannon 指数的稀疏曲线。

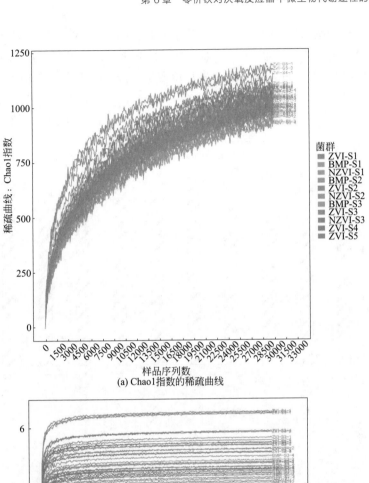

(a) Chao1指数的稀疏曲线

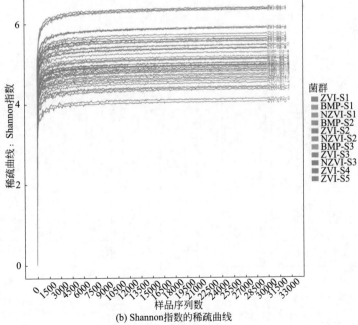

(b) Shannon指数的稀疏曲线

图 6.4   Chao1 指数和 Shannon 指数的稀疏曲线（见彩色插页）

　　两幅稀疏曲线图均随着序列数增大而趋于平坦，说明本研究中的测序量足够反映样本中的微生物信息。图 6.5 为三种反应器不同阶段下细菌群落两种指数的变化情况。

　　使用单因素方差分析，研究反应器环境变量（选取 pH 值、VFA 和 $Fe^{2+}$ 浓度三个主要参数）对两个多样性指数的影响（设置显著水平 $p < 0.05$）。结果表明，三种环境因素对 Shannon 指数有显著性影响，而对 Chao1 指数却没有显著影响。

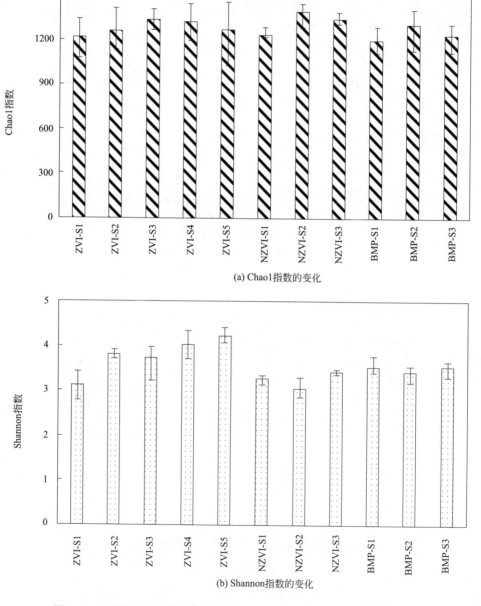

图 6.5　三类厌氧反应器中细菌群落 Chao1 指数和 Shannon 指数的变化

从图 6.5 可以看出，H_ZVI 反应器的细菌群落多样性随着反应阶段进行和"过酸化"现象的消除不断提高，在运行中后期，Shannon 指数达到 4 以上，这是由于 H_ZVI 反应器在整个运行期内，pH 值跨度大，具有数个反应阶段。该反应器既有高负荷反应器易酸化的特性，同时也能够在运行后期产甲烷，因此，不同时期的环境因素可以引起特异性的细菌群落发育，提高某些细菌的丰度，这些细菌在不同阶段发挥不同的作用。

## 6.3.4 细菌群落 β 多样性分析

本研究利用 β 多样性分析对每个反应器不同阶段微生物群落之间的相似性或差异性进行探讨，具体包括样本聚类树和主成分分析（Principal Components Analysis，PCA）。

图 6.6 为基于门水平的物种分布和样本聚类树共同形成的组合分析图。该图综合考虑物种间进化距离和物种丰度，通过计算不同样本间群落信息的距离，可以反映在不同反应器、不同阶段下，各样本相互间在细菌群落结构方面的相似程度。

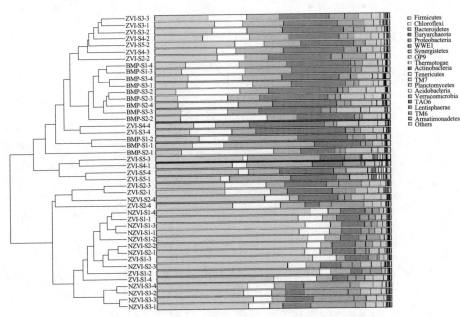

图 6.6　44 个样本间细菌群落的相似程度（见彩色插页）

首先，从图 6.6 中可以看出，每个取样点的 4 组重复样本间距离很短，说明重复试验组的平行性较高。H_ZVI 反应器运行前期（ZVI-S1 和 S2）与 H_Control 反应器的三个阶段属于同一个分支，距离较近，而 H_ZVI 反应器运行中后期（S3-S5）的信息与 L_Control 反应器的三个阶段属于一类，表明它们细菌群落结构更为相似。换言之，在零价铁的作用下，反应器中细菌群落结构发生了重大变化，而改变后的细菌群落功能主要是完成产甲烷代谢。这一结论也证实了 6.3.2 中关于零价铁会促进产酸细菌和互营细菌生长，进而为产甲烷过程提供更多基质的观点。

对三类反应器经过长时间运行后，群落结构达到稳定时的样本生物信息进行 PCA 分析，结果如图 6.7 所示。

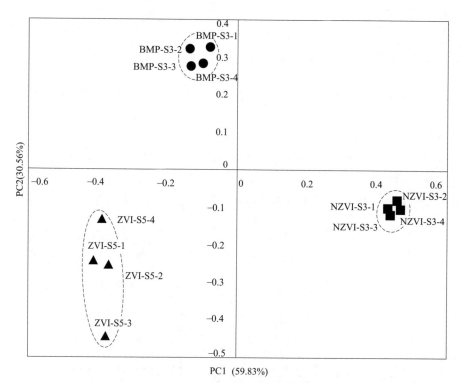

图 6.7  反应器稳定状态细菌菌落信息的 PCA 分析

PC1 和 PC2 两个主成分能够解释大多数（90.39%）生物信息，从图 6.7 也明显可以看出，三种反应器在反应后期，细菌群落存在较大的差异。具体而言，H_ZVI 和 L_Control 均为产甲烷反应器，在 PC1 轴分布上更为接近；而对于同为高负荷且经历过"过酸化"现象的 H_ZVI 和 H_Control 反应器，其 PC2 轴对应的数据更为接近。

## 6.4  零价铁对反应器中古菌群落结构演替的影响

### 6.4.1  古菌中产甲烷菌群丰度的变化

对 44 个样本的古菌区域扩增后进行测序分析，共得到序列数 6 106 175reads。

和细菌数据一样,对三类反应器每个阶段下上各古菌丰度的平均值进行计算,然后绘制古菌群落组成(图 6.8)。本研究中,以古菌通用引物测序后分类形成的 OTUs 均在 Euryarchaeota 门水平下,目水平下可分为 Methanosarcinales 和 Methanobacteriales 两类,其中 Methanosarcinales 中微生物以 Methanosaetaceae 科为主,而 Methanobacteriales 主要包括 Methanobacteriaceae 和 WSA2 两类古菌科。

但是并非所有的古菌均为产甲烷菌,而产甲烷菌的特征是在其 DNA 中,有特殊的 *mcrA* 功能基因。*mcrA* 功能基因编码甲基辅酶 M 还原酶(MCR)的 α 亚甲基,而 MCR 作为产甲烷过程中的关键酶,用来催化产甲烷反应的最后一步,即还原结合辅酶 M 的甲基成为甲烷[122]。因此,本试验再次对 44 个样本进一步以 *mcrA* 功能基因为目标区域,利用特定引物扩增,并对扩增子进行测序,以检验古菌中产甲烷菌群的结构组成及其变化情况。

测序所产生的 OTUs 中,基本上分别属于 Methanosarcinales 和 Methanobacteriales 两类菌群。这两种产甲烷菌在古菌中的丰度随反应阶段变化如图 6.8 所示。

Methanobacteriales 是一种严格的嗜氢产甲烷菌。在 H_ZVI 反应器的 S1~S3 阶段和 H_Control 反应器中,Methanobacteriales 在群落中所占比例不断升高,相反 Methanosaetaceae 的丰度则相应降低,这是由于在高负荷下,水解产酸前期以丁酸型发酵为主,在大量形成丁酸的同时,也会伴随产生 $H_2$,使体系中氢分压上升,最高可达 15.2%~16.9%,见图 5.8(b),此时,嗜氢产甲烷菌有充足的基质可以利用,使其成为优势菌种。由于 Methanobacteriales 的作用,H_ZVI 反应器中 $H_2$ 含量迅速降低,到 ZVI-S3 阶段,Methanobacteriales 丰度达到最高(39.40%~55.50%),随后开始降低,而这一阶段也恰好是乙酸浓度开始降低、$CH_4$ 百分比逐渐上升的时期,说明此阶段下,嗜乙酸产甲烷菌逐步取代嗜氢产甲烷菌,成为产甲烷的主要途径,而 H_Control 反应器中,嗜氢产甲烷菌一直保持很高的丰度,直到运行结束。L_Control 反应器在第一阶段 Methanobacteriales 的丰度(57.59%~65.45%)要显著高于其他两类反应器同期该菌丰度(ZVI-S1:24.55%~28.55% 和 NZVI-S1:27.88%~32.62%),说明低负荷下,适宜的 pH 值条件有利于反应体系迅速进入产甲烷状态。

本研究中基本所有(>98%)Methanosarcinales 纲产甲烷菌可进一步被细分为 Methanosaetaceae 目,其丰度随反应阶段的变化同 Methanobacteriales 的变化呈现此消彼长的趋势。可以明显看出,在高负荷反应器的"过酸化"时期(包括 H_ZVI 前两阶段和 H_Control 的三个阶段),Methanobacteriales 为产甲烷优势菌,但 Methanosarcinales 丰度较低,在 ZVI-S2 和 NZVI-S3 两个阶段下分别仅为 18.9%~29.45% 和 25.31%~28.20%。在进入稳定产甲烷阶段后,Methanosarcinales 在群落中的比例会明显上升,成为新的优势产甲烷菌,特别是 H_ZVI 反应器,在 ZVI-S3 阶段,嗜乙酸产甲烷菌丰度开始迅速升高,这也是该阶段下反应器

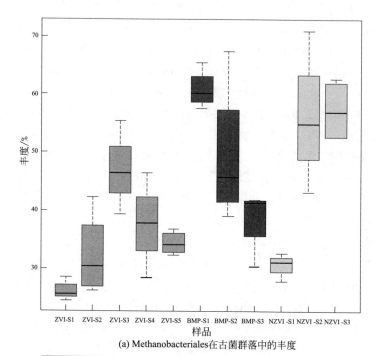

(a) Methanobacteriales在古菌群落中的丰度

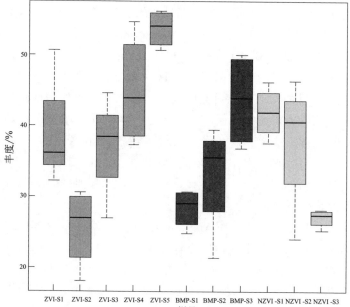

(b) Methanosarcinales在古菌群落中的丰度

图 6.8 不同反应器中各阶段下两类产甲烷菌在古菌群落中的丰度

中乙酸浓度开始降低，而甲烷占比逐渐升高的原因，证实了此时反应器的产甲烷过程主要通过乙酸降解；当反应器停止运行时，体系中 Methanosarcinales 的丰度达到最大（50.66%～56.13%），高于 L_Control 反应器稳定时期该菌丰度（38.93%～49.98%），这一定程度上证实了零价铁能够提高产甲烷菌群对乙酸的代谢能力，进而使甲烷产率升高的结论。

但是，由于物种丰度仅仅能够反映该物种在群落中所占的比例，不能很好地进行定量分析，因此，需进一步研究零价铁对产甲烷菌和 *mcrA* 功能基因在反应器中绝对数量的影响。

### 6.4.2　古菌、产甲烷菌和 mcrA 功能基因在样本中的绝对数量

将每个阶段 4 个平行样品进行混合，利用荧光定量 PCR 检测对三类反应器中各阶段下混样中的古菌、嗜氢产甲烷菌 Methanobacteriales、嗜乙酸产甲烷菌 Methanosaetaceae 以及产甲烷 *mcrA* 功能基因进行检测，并计算分析各种基因的初始拷贝数，并以此反映相应微生物在群落中的绝对数量。图 6.9 是古菌标准品和 11 例样品实时扩增曲线图及产物溶解曲线图，从初始阶段拷贝数的计算标准曲线中可以看出，PCR扩增的指数期模板的 *ct* 值与标准样本在 PCR 反应开始时的初始拷贝数间具有良好的线性关系，而 Methanobacteriales、Methanosaetaceae 和产甲烷 *mcrA* 功能基因，也存在相同的关系，这表明对于这四种目的基因的 qPCR 分析结果准确度高。

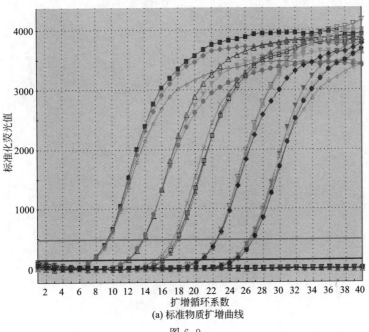

(a) 标准物质扩增曲线

图 6.9

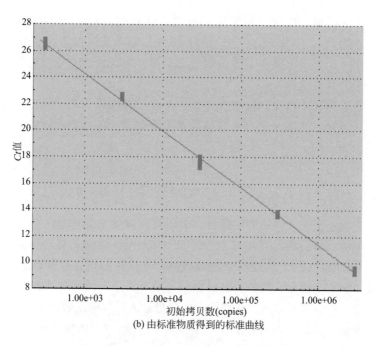

(b) 由标准物质得到的标准曲线

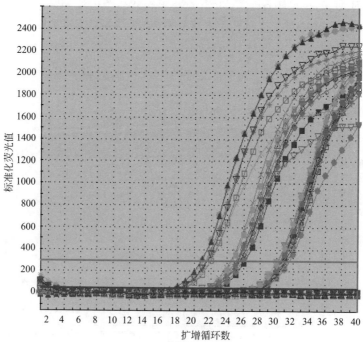

(c) 待测物质的扩增曲线

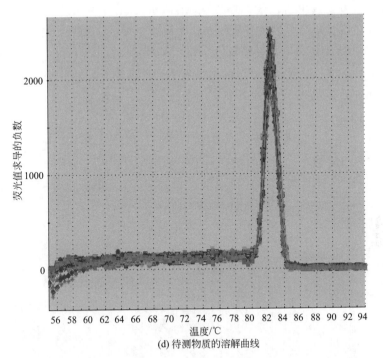

(d) 待测物质的溶解曲线

图 6.9　古菌初始拷贝数的计算标准曲线以及 11 例样本的
q-PCR 扩增曲线和溶解曲线（见彩色插页）

图 6.10 为古菌、产甲烷功能菌及功能基因在各反应器、各阶段的浓度。H_ZVI 反应器中古菌种群数量整体高于其他两类反应器，特别在 S2、S4 和 S5 三个阶段，其数量级达到 $10^5$，而 H_Control 和 L_Control 两类反应器中古菌在各阶段每微升发酵液中的拷贝数分别为 $10^3$ 和 $10^4$ 数量级。

对于反应体系中占主要作用的两种产甲烷菌，零价铁的加入均能提高其在相应反应阶段的绝对浓度。嗜氢产甲烷菌 Methanobacteriales 在 ZVI-S1 和 ZVI-S2 两阶段，沼液中数量最多，分别为 $1.09 \times 10^4 \, copies/\mu L$ 和 $2.15 \times 10^4 \, copies/\mu L$，而在 H_Control 反应器运行前期，该菌数量最高仅为 $5.62 \times 10^3 \, copies/\mu L$，并在 NZVI-S2 和 NZVI-S3 两个时期，又降低至 $2.02 \times 10^3 \, copies/\mu L$ 和 $1.45 \times 10^3 \, copies/\mu L$。这充分表明，尽管在反应器运行前期，发酵液的相关参数（VFAs、pH 值、SCOD 等）未明显出现表征"过酸化"现象被缓解的变化，但零价铁的确对嗜氢产甲烷菌的生长和代谢有积极作用，这也是 H_ZVI 反应器中氢分压能够在短时间内降低至 0 的主要原因。此外，值得注意的是，在 6.4.1 关于产甲烷菌丰度的讨论中，Methanobacteriales 在 H_Control 反应器的后两个阶段占有绝对优势，其丰度分别达到 $54.51\% \sim 70.98\%$ 和 $52.60\% \sim 62.71\%$，但由于其实际生物量较低，代谢活性较差，使得反应器中一直保持一定的 $H_2$ 浓度，阻碍了丁酸等 VFAs 向乙酸的转化。零价铁对发酵液中嗜乙酸产甲烷菌 Methanosaetaceae 菌群数量的提升效果更为明显。H_ZVI 反应器中该菌数量的变化趋势与丰度变化趋势一致，在乙酸含量开始降低的 ZVI-S3 阶段，该菌数量明显上升，达到 $10^3$ copies/$\mu$L 以上，在 ZVI-S5，群落结构达到稳定时，发酵液中该菌的拷贝数达到最高，为 $2.30 \times 10^4$ copies/$\mu$L，远高于 L_Control 反应器稳定时（$2.65 \times 10^3$ copies/$\mu$L）。而在 H_Control 反应器中，Methanosaetaceae 的数量在整个反应期内，没有明显上升，一直维持在 $10^2 \sim 10^3$ copies/$\mu$L 这一较低的数量级，表明其增殖能力以及对乙酸的代谢能力极差。

而 mcrA 功能基因，作为一种表征厌氧产甲烷过程的生物标记，其在体系群落中数量的多寡与甲烷产量间存在极强的正相关性[123]。本研究中 H_ZVI 反应器在反应体系稳定后，mcrA 功能基因的数量达到 $10^4$ copies/$\mu$L 以上，高于 L_Control 反应器，这也是 H_ZVI 甲烷产率更高的主要原因。

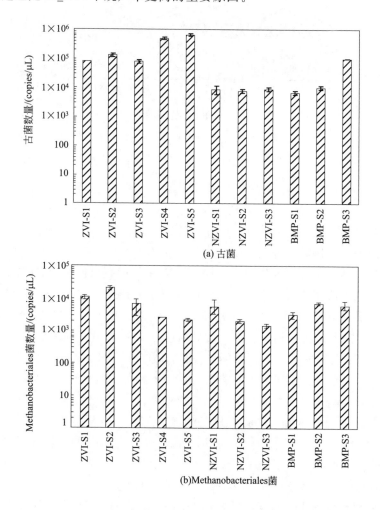

(a) 古菌

(b)Methanobacteriales菌

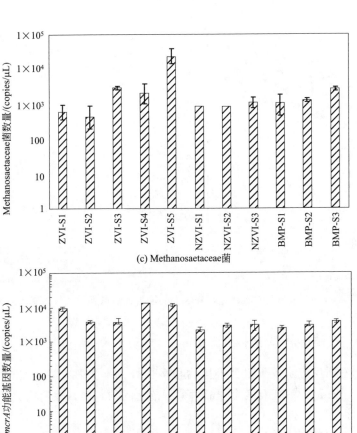

(c) Methanosaetaceae菌

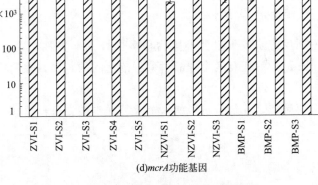

(d)mcrA功能基因

图 6.10 三种反应器各阶段产甲烷功能菌和
功能基因 qPCR 定量分析结果

### 6.4.3 古菌群落 α 多样性分析

和细菌群落类似，本部分对三类反应器不同阶段下古菌群落的多样性进行分析。Chao1 和 Shannon 两指数的稀释曲线（图 6.11）表明试验对于古菌群落的测序深度是充分的，生物信息结论是有效的。

各阶段下古菌群落的 Chao1 指数和 Shannon 指数如图 6.12 所示。从图中 Chao1 数值可知，在所有反应器中的各个阶段，16s rRNA 古菌区域测序所得的 OTU 数目远小于细菌区域测序得到的数目；而较低的 Shannon 指数表明古菌群落中微生物多样性低于细菌群落多样性。

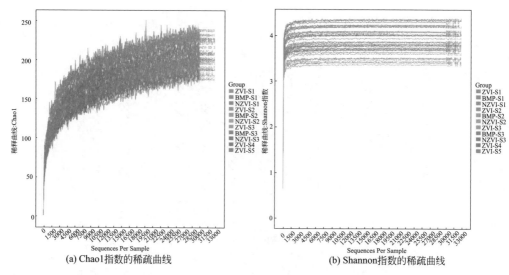

(a) Chao1指数的稀疏曲线  (b) Shannon指数的稀疏曲线

图 6.11　古菌群落 Chao1 指数和 Shannon 指数的稀释曲线（见彩色插页）

### 6.4.4　古菌群落 β 多样性分析

为研究不同反应阶段下古菌群落物种多样性的差异性，在考虑序列丰度基础上，利用 UniFrac 计算任意两个样品古菌群落之间的距离，并用相似度树状图进行可视化描述（图 6.13）。

和细菌群落类似，在每个阶段的 4 个重复样本的古菌群落相似度较高，平行性

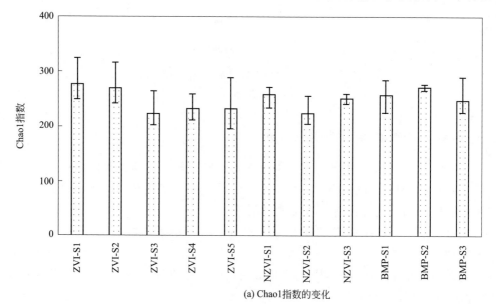

(a) Chao1指数的变化

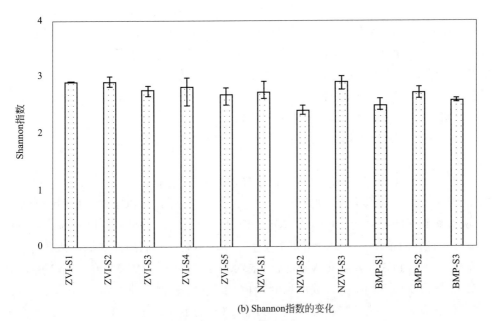

(b) Shannon指数的变化

图 6.12 古菌群落 Chao1 指数和 Shannon 指数的变化

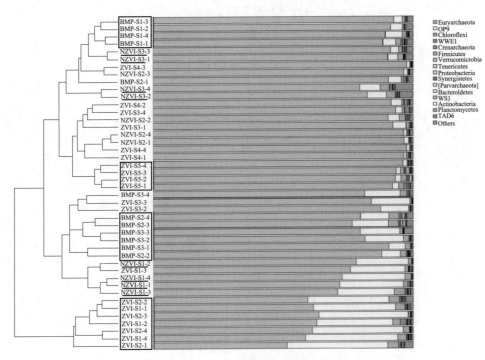

图 6.13 44 个样本间古菌群落相似程度（见彩色插页）

较好，Euryarchaeota 在全部反应阶段下一直处于优势菌地位。在初始阶段，三个反应器的古菌群落结构出现明显差异，在 H_ZVI 反应器中，S1 和 S2 阶段 Euryarchaeota 的丰度相对 H_Control 和 L_Control 两个反应器较低，这是由于零价铁的存在能够提高某些有机物的水解产酸菌的占比，如 OP9，而该菌在对古菌区域的测序中又会出现，从而拉低了 Euryarchaeota 的相对丰度，这点同 6.3.2 中关于零价铁对反应器中细菌群落结构影响的论述一致。

进一步对三类反应器停止运行时，它们稳定的古菌群落进行 PCA 分析，见图 6.14。

图 6.14（a）为三类反应器古菌群落稳定时 PCA 分析；（b）～（h）为主要成分 PC1 和 PC2 同环境参数的相关性。从图 6.14（a）可知，PC1 和 PC2 可以解释 80.66% 样品间的差异性。12 个样本可以明显分为三组，表明平行样本的古菌群落组成具有良好的重现性，同时组间由于生存环境不同，它们的群落结构具有明显的差异性。对于 PC1，其数值从小到大依次为 BMP-S3、ZVI-S5 和 NZVI-S3，而 BMP-S3 和 NZVI-S3 的 PC2 数值均为负值，且较为近似，而 ZVI-S5 的 PC2 约为 0.2，差别较大。为进一步探究决定 PC1 和 PC2 的主要因子，（b）～（h）分别将各

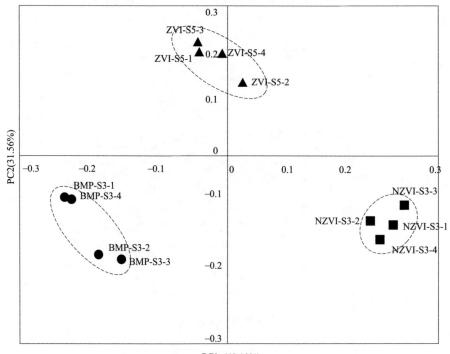

(a)

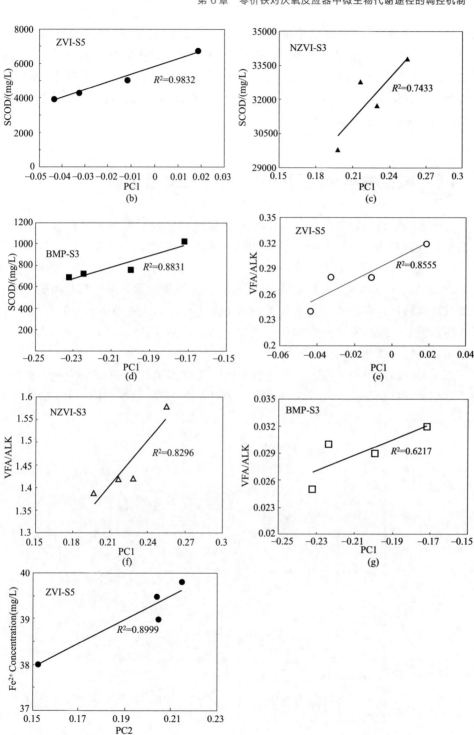

图 6.14　三类反应器停止运行时的古菌群 PCA 分析

类反应器 4 个重复样本剩余沼液的 SCOD 和 VFA/ALK 与 PC1 建立关系，将 H_ZVI 反应器 4 个重复样本在 S5 阶段下沼液中 $Fe^{2+}$ 浓度和 PC2 建立关系。结果表明，PC1 同 SCOD 和 VFA/ALK 有显著的正相关性，而 PC2 与沼液中铁浓度存在较强的线性关系。这些结果表明，反应体系的负荷改变和是否投加零价铁是影响古菌群落结构的重要因素。

## 6.5 微生物与环境因子间的典型相关性分析

进一步利用典型相关分析（CCA）分别建立环境因子与细菌和古菌群落间关系的模型（如图 6.15），以此讨论环境因子如何作用于细菌和古菌群落，以及不同环境因子之间的关系。基于细菌和古菌 OTUs 构建的分析模型整体显著性分别为 $p=0.012$ 和 $p=0.008$。此外，Monte Carlo 检验结果显示，两个模型的轴 1 同环境变量之间同样存在较强的显著相关性（细菌 $p=0.03$，古菌 $p=0.01$），这一结果表明沼液 pH 值、零价铁投加量、初始负荷、沼液 VFA、SCOD 和 VFA/ALK 是控制微生物群落结构的重要环境属性。

细菌和古菌群落的 CCA 分析结果类似，现以古菌的分析结果为例，进行讨论。该模型可以解释 51.8% 的古菌因子。其中，根据微生物样本的分布和环境变

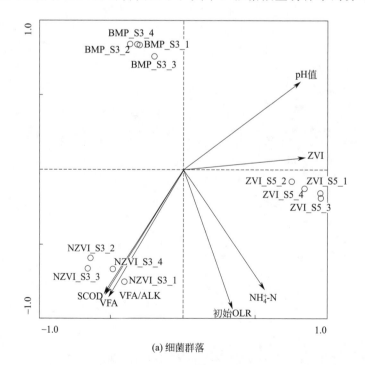

(a) 细菌群落

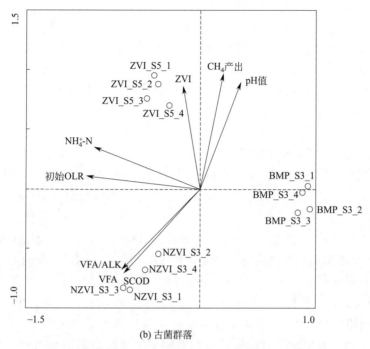

图 6.15　反应器稳定阶段细菌和古菌群落 CCA 分析

量的位置，可以明显看出零价铁是影响 H_ZVI 反应器中古菌群落的主要因素，而较高的 VFAs 浓度或较为严重的酸化程度（VFA/ALK 值）是决定 H_Control 反应器中古菌群落组成的原因。环境变量之间的 Pearson 相关性分析结果表明，零价铁的加入对提升甲烷产率具有较强的正相关作用（$p = 0.002$），而对于 VFAs 的累积和 VFA/ALK 的升高有强烈的负相关性（$p < 0.001$），这也进一步证明了零价铁在厌氧反应器中的促进甲烷生成和消除"过酸化"现象的作用。此外，从图中还可知，体系中氨氮浓度的变化同其他环境因子没有明显的相关性。

## 6.6　零价铁对微生物群落的调控及其对反应器运行性能的反馈机制

本部分综合分析 H_ZVI 反应器中细菌和古菌群落的变化特征以及 *mcrA* 功能基因在不同阶段数量的变化，同时与 H_Control 和 L_Control 两种反应器中的群落变化进行比较，探明关于零价铁对高负荷厌氧反应器中微生物群落结构的调控特点，并进一步结合第 5 章中 H_ZVI 反应器不同阶段时的产气特征和发酵液相关参数变化，阐释微生物群落结构变化如何影响厌氧反应器运行，从微观水平上对零价铁消除"过酸化"现象、促进甲烷形成的机制进行分析。

在 H_ZVI 反应器中，零价铁首先提高了具有特异功能的水解酸化细菌丰度，如 OP9、Firmicutes、Chloroflexi 和 WWE1，加速了产酸过程，特别是 *C.Butyricum*，其主要代谢产物为乙酸和丁酸，从而形成丁酸型发酵的反应过程，并使 H_ZVI 反应器在短期内，比 H_Control 反应器产生更多的乙酸、丁酸以及 $H_2$；紧接着，在零价铁供电子，为产甲烷菌提供良好生存环境的作用下，嗜氢产甲烷菌 Methanobacteriales 代谢活力增强，数量迅速增加，在 S2 时达到最大，从而有效地降低了体系中 $H_2$ 的分压，并使其 $H_2$ 体积分数降低为 0；随后，在零价铁提供电子加速甲基还原乙酸的作用下，嗜乙酸产甲烷菌 Methanosaetaceae 无论在丰度和数量上均有明显提升，使得该阶段下乙酸浓度降低、$CH_4$ 百分比逐渐升高，与此同时，由于 $H_2$ 分压的降低，丁酸转化乙酸的热力学屏障被打破，能够降解丁酸的互营单胞菌属 *Syntrophomonas* 的丰度较对照反应器有明显上升，从而使"过酸化"现象消除。事实上，整个微生物群落结构的演替都以零价铁为核心开展，在此基础上，不同微生物之间通过形成互营共生关系来达到反应器的运行效果。例如，*C.Butyricum* 为 Methanobacteriales 提供 $H_2$ 利用，而 $H_2$ 分压降低，又会促进 *C.Butyricum* 利用大分子水解产物产氢产乙酸，直至消耗完毕；由于 Methanosaetaceae 利用乙酸、Methanobacteriales 降低 $H_2$ 含量，从而促进了 *Syntrophomonas* 的生长，并拉动丁酸降解反应朝有利于乙酸形成的方向进行，而 *Syntrophomonas* 代谢产生的乙酸，又为 Methanosaetaceae 提供了产甲烷的基质。零价铁对微生物群落的调控以及微生物群落对反应器运行性能的反馈过程如图 6.16 所示。

在这一过程中，主要通过以下途径消除"过酸化"现象。

（1）促进氢分压的降低，即提高种间氢传递（IHT）效率。在反应初期，尽管体系处于"过酸化"阶段，但 H_ZVI 反应器中，嗜氢产甲烷菌数量上明显高于其余反应器，并且在 $H_2$ 转化 $CH_4$ 过程发挥关键作用。郭晓慧等[124] 总结前人文献后提出，嗜氢产甲烷菌在酸性环境中的作用远大于其在中性环境中的作用，之前一些报道也表明，Methanobacteriales 的一些菌属为耐酸产甲烷菌，pH 值生长范围 3.8～6.0，最适 pH 值范围 5.5～6.0[125]。这些研究从侧面表明，Methanobacteriales 在零价铁为其供电子、促进 $CO_2$ 还原的作用下，即使体系处于"过酸化"状态，其完成氢代谢过程仍具有可行性。

（2）提高体系中电子的传递和利用效率，即通过微生物纳米导线，以种间直接电子传递（DIET）的机制将电子直接传递给产甲烷菌，供其还原 $CO_2$ 或乙酸使用。通常，最为常见的纳米导线为 *Geobacter* 细菌的细胞色素 c[126,127] 和菌毛（Pili）[128,129]，尽管本研究在高通量测序过程中并未发现 *Geobacter* 菌的存在，但是在 H_ZVI 反应器运行中后期（S3～S5），利用乙酸产甲烷的过程被显著增强，同时 *Syntrophomonas* 和 Methanosaetaceae 共同构建了针对发酵液中丁酸的互营氧化产甲烷体系，并使丁酸能够迅速降解，因此，在本研究的体系中也可能存在

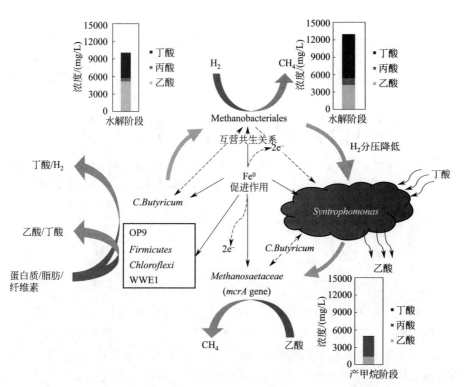

图 6.16　零价铁为核心的反应器微生物群落调控机制（见彩色插页）

DIET 的电子传递机制。尽管本研究中未设计相关试验来直接证明这一观点，但现有的一些文献可以间接说明这一问题。首先，Li 等[130] 发现在稻田土壤中丁酸的互营产甲烷体系确实存在 DIET 过程，而形成互营体系的主要微生物与本研究相同；其次，李莹等[131] 通过分析厌氧体系中的群落多样性，并用电化学方法研究甲烷分离物的电活性，提出关于 *Clostridium* spp. 和 *Geobacter* 类似，可能与 *Methanosarcina* 菌之间存在种间电子传递的观点，而本研究后期 *C. butyricum* 丰度显著增加，与该作者观点一致；此外，Park 等[132] 证实了 *C. butyricum* 可以在微生物燃料电池中以葡萄糖为底物产生电流，这表明，*C. butyricum* 具有一定的导电活性，进一步，代凤等[138] 推测了 *C. butyricum* 是通过细胞膜上的细胞色素 c，在电化学反应器中与阳极进行直接电子传递。

综合以上两点，本研究提出如下假说：当 H_ZVI 反应器氢分压降低至 0 后，体系中互营产甲烷过程由 IHT 过渡为 DIET，DIET 体系由具有互营关系的 *Syntrophomonas*、Methanosaetaceae 以及 *C. butyricum* 组成，其中 *C. butyricum* 作为导电微生物将电子直接传递至 Methanosaetaceae，完成还原产甲烷的过程。

第**7**章

# 零价铁对城市有机生活垃圾处理稳定性的提升

在有机生活垃圾的厌氧批式试验中，证实了零价铁对"过酸化"现象的抑制和消除作用，根据反应器运行效果和实验现象，提出了零价铁消除"过酸化"现象机理。本章为进一步将该技术贴近实际应用，以实际有机生活垃圾作为研究对象，在北京市朝阳区董村综合垃圾处理厂进行现场试验。利用序批式厌氧反应器处理经40～50MPa 高压挤压预处理后分离出的湿组分，重点选择在实际厌氧处理工程中，反应器受到冲击负荷和反应器停运一定时间后重新启动这两种易出现"过酸化"现象的工况进行研究，通过对比试验，探索零价铁在长期连续运行反应器中对这两种工况下"过酸化"现象的控制效果。

## 7.1 序批式反应器设计与运行

### 7.1.1 厌氧消化试验装置

本研究采用 40L 的卧式连续反应器进行中温厌氧消化小试，反应器带有水浴夹层，通过循环水浴控制反应器温度在 35℃±1℃。反应器采用连续搅拌方式，转速 30r/min；反应器设置 1 个进料口，进料方式为手动进料，为研究污染物的空间分布，在反应器侧面设置 3 个出料口，底部设置 2 个出料口，通常从取样点 3 处出料。反应器上部设置容积 7L 的气室，产生的沼气进入气室后，通过转鼓湿式流量计后排放。整套设备由博安信和环境科技有限公司提供，如图 7.1 所示。

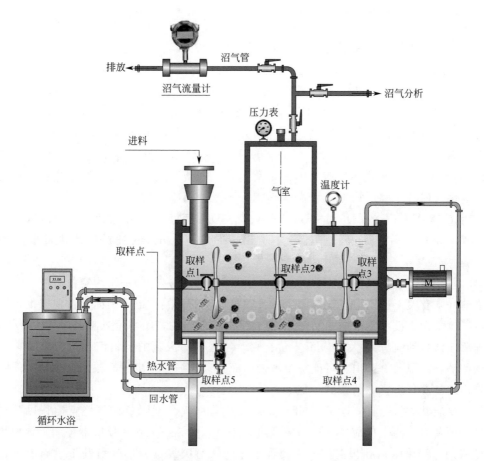

图 7.1　用于城市有机生活垃圾厌氧消化试验的序批式反应器

### 7.1.2　试验采用测试分析手段

（1）沼气成分分析。序批式反应器产生的沼气，利用便携式 $CH_4/CO_2$ 分析仪（逸云天科技，MS400-2，中国）分析这两种气体成分的百分含量。

（2）微生物表面形态表征方法。对反应器沼液中的微生物形态进行观察前，先按如下步骤对样品进行前处理。3000r/min 离心 5min，弃掉上清液→沉积样品在 2.5％戊二醛中 4℃ 固定过夜→3000r/min 离心 5min，弃掉上清液→磷酸缓冲液（PBS）洗涤 3 次。点取少量固定好的样品置于锡纸表面，并固定在样品台上，在 70℃ 下烘干。烘干后进行样品喷碳处理，然后利用场发射扫描电子显微镜对微生物形态进行观测。

（3）细菌和古菌群落分析方法。细菌和古菌群落分析方法如 6.1.1 所述。

### 7.1.3 试验方案设计

本厌氧消化试验采用接种物为董村生活垃圾厌氧消化设施产生的沼液。由于接种物活性较高，因此选取较高的有机负荷（$5kgVS/m^3/d$，即每天约 1kg 物料）作为序批式反应器的启动负荷。在运行过程中，对沼气组成成分和沼液的各项参数进行连续监测，当反应体系中 VFAs 浓度降低至 2000mg/L 左右，并保持稳定时，认为反应体系不存在酸抑制风险，此时作为提升负荷的时间节点。本试验中共选取 $5kgVS/(m^3 \cdot d)$ 和 $7.5kgVS/(m^3 \cdot d)$ 两种负荷作为反应器的运行负荷，选取 $10kgVS/(m^3 \cdot d)$ 作为反应器的冲击负荷，这些负荷在偏厨余性质的生活垃圾厌氧消化处理研究中，均处于较高水平[11,133,134]。而重新启动反应器的过程，是将之前在 $5kgVS/(m^3 \cdot d)$ 和 $7.5kgVS/(m^3 \cdot d)$ 两种负荷下正常运行时的出料，在闲置 30d 左右后，加入反应器，并以 $5kgVS/(m^3 \cdot d)$ 的进料负荷执行重启动过程。

共设置两组相同的反应器，其中一组投加零价铁，另外一组为空白对照。由于之前并未有关于连续运行反应器中零价铁投加量的相关报道，因此参考根据批式反应器体积大小投加零价铁的文献[86,87]，确定反应器的初始零价铁投加量为 10g/L，即反应器启动前总共投加 400g 零价铁粉，考虑到每天新的物料消耗过程中对零价铁的消耗，以及每天出料可能被沼液带出而导致的损耗，本研究根据两个反应器甲烷产率的变化进行零价铁的补加。

试验共进行约 130d，前 50d 主要对反应器启动、不同负荷下稳定运行以及受冲击负荷时，两个反应器的运行特点进行研究，而 51～79d 为反应器停运、维护和检修期，80～130d 这段时间，主要评价零价铁对厌氧反应器高负荷下重启动过程稳定性的提升效果。

## 7.2 零价铁对非稳定工况下反应器运行稳定性的提升

### 7.2.1 零价铁对序批式反应器产气的影响

通过湿式流量计记录每日沼气产生量，并用便携式沼气分析仪测定 $CH_4$ 和 $CO_2$ 的体积分数，进一步根据进料负荷得到 $CH_4$ 和 $CO_2$ 各自产率，图 7.2 为 $CH_4$ 产率随时间的变化。

在反应器运行过程中，分别在两次提升负荷时，补充零价铁铁粉 200g；在重新启动反应器时，则重新向反应器中投加 400g 零价铁粉。

对两组反应器正常产气阶段下各自甲烷产率进行显著性比较，使用一般线性模

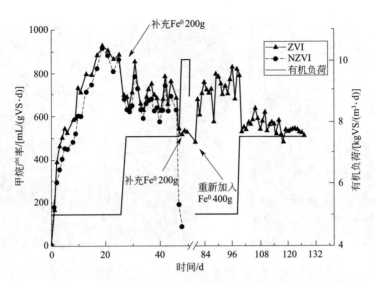

图 7.2 序批式反应器不同运行负荷和非稳定工况下甲烷产率随时间变化

型的单因素方差法分析零价铁对湿组分在序批式厌氧反应器中甲烷产率的影响（设置显著性水平 $p < 0.05$），结果表明，投加零价铁的反应器，甲烷产率要显著高于对照反应器（$p = 0.007$）。从图 7.2 中可以看出，在以负荷为 $5kgVS/(m^3 \cdot d)$ 的反应器启动阶段，无论是否投加零价铁，均可以正常启动，并稳定在较高的产甲烷水平 $[806 \sim 924mLCH_4/(gVS \cdot d)]$；而当负荷提升至 $7.5kgVS/(m^3 \cdot d)$ 时，甲烷产率一定程度降低，加入零价铁反应器约为 $622 \sim 782mLCH_4/(gVS \cdot d)$，较未加入零价铁的反应器的甲烷产率 $[573 \sim 739mLCH_4/(gVS \cdot d)]$ 提高 2.5% $\sim$ 11.3%。这种提高负荷后，甲烷产率不断降低的主要原因是反应器本身对产气的限制所致，事实上，在不同负荷下，单位容积产气量一直保持在 $6.5 \sim 8L_{沼气}/L_{反应器}$ 这一高水平范围。

在反应器受到 $10kgVS/(m^3 \cdot d)$ 的冲击负荷的 $4 \sim 5d$ 时间内，对于投加零价铁的反应器仍能继续产气，沼气中 $CH_4$ 含量仍然保持 70% 以上，但甲烷产率相对 $7.5kgVS/(m^3 \cdot d)$ 时继续降低，约为 $530mLCH_4/(gVS \cdot d)$；而对于未投加零价铁的反应器，在进料后数小时后，出现了"泡沫累积"和"物料膨胀"的现象。具体表现为：反应器中出现大量难以破碎的泡沫，物料的黏度升高，液位上升，物料进入并堵塞输气管路，使物料从反应器进料口喷出（图 7.3）。造成这种现象的原因会在后续研究中进一步讨论。

而当反应器在重新启动过程中，投加零价铁的反应器可以顺利启动，实现产甲烷，$5kgVS/(m^3 \cdot d)$ 负荷下，平均甲烷产率可达 $735.6mLCH_4/(gVS \cdot d)$，在该负荷下稳定运行 20d 后，将负荷提升至 $7.5kgVS/(m^3 \cdot d)$ 后，仍然可以正常运

图 7.3　高负荷反应器的"泡沫累积"和"物料膨胀"现象

行。而没有加入零价铁的反应器，在以 $5kgVS/(m^3 \cdot d)$ 负荷的条件下重启动的第 2 天，就会出现上述"物料膨胀"现象，使反应器启动失败。

### 7.2.2　零价铁提升序批式反应器抗冲击负荷能力的效果

当反应器受到短期有机负荷冲击时，零价铁的加入除了能够使反应器在这段时间内稳定产甲烷外，还起到稳定体系 pH 值，促进有机物质降解的作用。图 7.4 分别为不同有机负荷下两种反应器出料液相参数的变化情况。

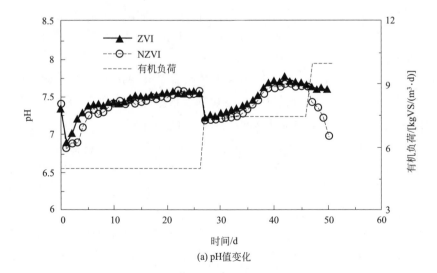

(a) pH值变化

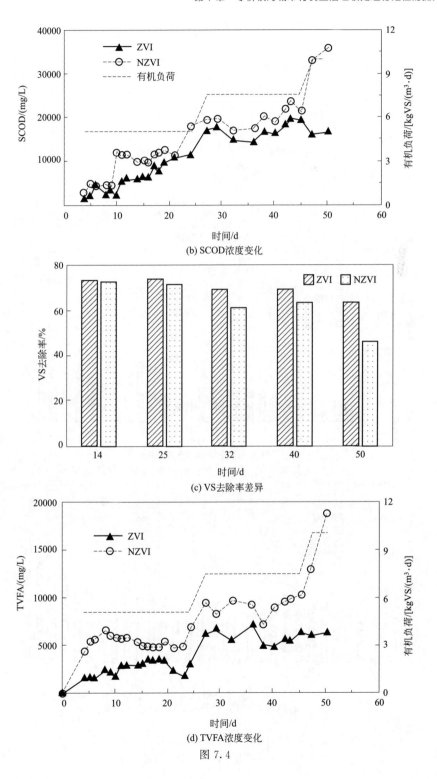

(b) SCOD浓度变化

(c) VS去除率差异

(d) TVFA浓度变化

图 7.4

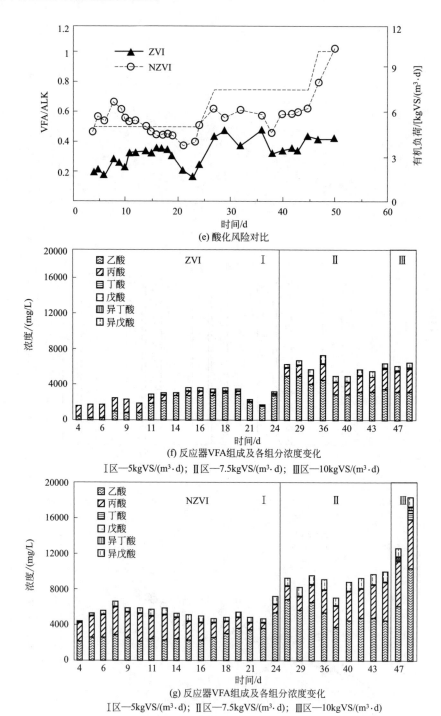

(e) 酸化风险对比

(f) 反应器VFA组成及各组分浓度变化

Ⅰ区—5kgVS/(m³·d)；Ⅱ区—7.5kgVS/(m³·d)；Ⅲ区—10kgVS/(m³·d)

(g) 反应器VFA组成及各组分浓度变化

Ⅰ区—5kgVS/(m³·d)；Ⅱ区—7.5kgVS/(m³·d)；Ⅲ区—10kgVS/(m³·d)

图 7.4　两类序批式反应器对发酵液中有机污染物的去除
以及反应器受冲击负荷时零价铁的稳定作用

在较低负荷下，两类反应器的 pH 值范围相近，未投加零价铁的反应器没有出现类似于批式反应器中 pH 值急剧下降的明显"过酸化"现象，当受到 10kgVS/$(m^3 \cdot d)$ 的冲击负荷后，在短期内，投加零价铁的反应器的 pH 值仍然维持在 7.6 左右，而未投加零价铁反应器的 pH 值则迅速降低至 7 以下；此外，不同时期两类反应器在出料 SCOD、TVFA 浓度和对 VS 去除率等方面的差异与 pH 值变化一致，而整个反应过程中，投加零价铁反应器的 VFA/ALK 值一直低于对照组反应器，具有较低的酸化风险。未投加零价铁反应器在受到冲击负荷后的上述参数的异常变化表明反应器之前形成的稳定体系被破坏。对两类反应器出料的 VFAs 组成进行分析可以看出，在 5kgVS/$(m^3 \cdot d)$ 负荷时，运行一段时间后，投加零价铁的反应器 VFAs 主要为乙酸，总浓度在 2000mg/L 左右，而对照反应器 VFAs 的丙酸占比较高（30%～50%），并且总浓度达到 4000mg/L 以上；而当负荷提升至 7.5kgVS/$(m^3 \cdot d)$ 后，两反应器丙酸占比和 TVFA 浓度均有所提高，但未投加零价铁的反应器更为明显，丙酸占比接近 50%，TVFA 浓度达到 8000mg/L 以上；两种反应器同时受到 10kgVS/$(m^3 \cdot d)$ 的冲击负荷后，在短期内，投加零价铁的反应器 VFAs 组成和浓度没有出现较大波动，相反，未投加零价铁的反应器中 VFAs 浓度出现显著上升，并且出现了较高浓度的异戊酸。

本章中序批式反应器与第 5 章批式反应器在出现酸抑制时的 VFAs 组成有较大区别，在序批式反应器中 VFAs 主要为乙酸、丙酸和少量异戊酸，其中丙酸是形成抑制的主要原因；而在批式反应器中，乙酸和丁酸构成了 VFAs 的主体，丙酸含量很少。造成这样差别的主要原因在于运行方式和垃圾组分的差异导致了产酸发酵类型的不同。批式反应器的运行是将垃圾一次性加入反应器，然后进行一个较长周期的反应，因此，对于启动阶段相当于作用一个很高的冲击负荷，在快速水解作用下，pH 值迅速下降至 5.5 以下，这一 pH 值条件下，体系 VFAs 形成的发酵类型为丁酸型发酵；而在序批式反应器中，进料方式是"少量多次"，每天按一定量加入反应器中，这样不会造成 pH 值迅速降低，基本保持在 7.5～8.0，此时的产酸发酵类型为丙酸型发酵。此外，批式反应器处理对象为模拟有机生活垃圾，其碳水化合物含量较高，而序批式反应器处理对象为实际生活垃圾经过高压挤压预处理产生的湿组分，具有较高的油脂含量（见表 2.3），正如绪论部分 1.3.4 一节所述，碳水化合物的水解产酸多以丁酸型发酵为主，而脂类含量较高的物质水解酸化多呈现丙酸型发酵。

### 7.2.3　投加零价铁对厌氧产甲烷过程碳有效转化率的影响

本部分分别对从启动到受到冲击负荷以及在负荷 7.5kgVS/$(m^3 \cdot d)$ 下稳定运行这两个反应阶段的两类反应器中的碳平衡进行计算，研究零价铁对物料中碳元素向甲烷有效转化率的影响。

经过反应后，物料中的碳元素主要存在以下流向：

（1）气相，主要转化为 $CH_4$ 和 $CO_2$ 以及微量 VOCs 等挥发性物质；

（2）不可溶固相，沼液中不溶部分的含碳量用元素分析法测定含量；

（3）沼液中可溶部分的含碳量，分为有机碳和无机碳，其中有机碳按 SCOD 的 1/3 折算，无机碳根据碱度折算。

反应器底部有少量沉积物，多以砾石、沙土为主，忽略里面碳组成。厌氧过程碳平衡流向示意见图 7.5。

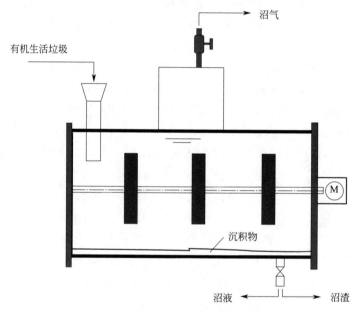

图 7.5　厌氧过程碳平衡流向示意

表 7.1 为反应前后，各部分所含碳质量的计算。在 $7.5kgVS/(m^3 \cdot d)$ 负荷下，两反应器均正常产甲烷，两反应器的碳回收率分别为 106％和 101％，其中，投加零价铁的反应器中物料中的碳向甲烷的有效转化效率为 58.7％，比未投加零价铁反应器的碳有效转化效率提高 6.73％；而在整个反应过程中，零价铁的加入会使碳有效转化率提高 8.98％。

表 7.1　反应体系中碳平衡及有效转化率的计算

| 反应阶段 | 进料/kg | 沼气/kg | | | 沼渣/kg | 沼液/kg | |
|---|---|---|---|---|---|---|---|
| | | $CH_4$ | 有效转化率 | $CO_2$ | | 有机碳 | 无机碳 |
| 7.5-ZVI | 4.125 | 2.423 | 58.7％ | 0.676 | 1.071 | 0.158 | 0.048 |
| 7.5-NZVI | 4.125 | 2.271 | 55.0％ | 0.650 | 0.983 | 0.210 | 0.057 |
| 全过程-ZVI | 7.084 | 3.950 | 55.8％ | 1.26 | — | 0.239 | 0.029 |
| 全过程-NZVI | 7.084 | 3.630 | 51.2％ | 1.26 | — | 0.247 | 0.030 |

### 7.2.4　零价铁对反应器高负荷条件下重新启动过程的稳定作用

在实际垃圾处理厂中，会遇到如设备检修、维护以及工厂放假等情况，导致厌氧设施停止运行一段时间，在此期间，反应器温度降低、不再继续进料，微生物活性较差。当需要再次重新启动时，由于包括产甲烷菌在内的微生物活性较低，重新进料，特别是较高负荷时，可能会使反应体系处于不稳定状态。

从 7.2.1 中产气情况看，投加零价铁的反应器可以在 $5kgVS/(m^3 \cdot d)$ 负荷下正常启动，而未投加零价铁反应器则由于"物料膨胀"，不能实现重新启动。图 7.6 反映了两类反应器重新启动时，反应器内发酵液的性质，以及加入零价铁的反应器在重启动后一段时间内的运行情况。其中，$N_0$、$N_1$ 和 $N_2$ 分别为未投加零价铁反应器重新启动前、重新启动第 1 天和重新启动第 2 天的数据。

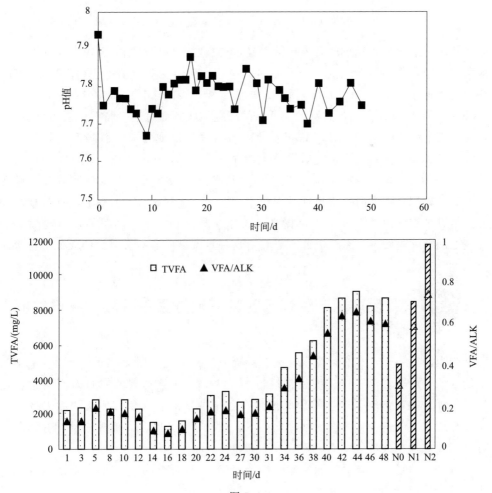

图 7.6

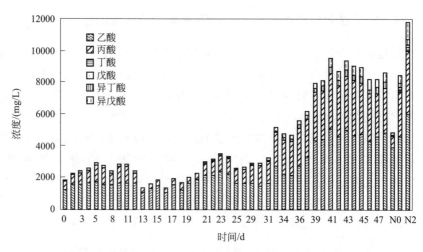

图 7.6　零价铁对厌氧反应器高负荷重启动过程的稳定作用

从出料的液相指标也可看出，由于经过较长时间的停运期，反应器中同型产乙酸菌和产甲烷菌的活性较低，未投加零价铁的反应器在重启动过程中 TVFA 和丙酸浓度迅速上升，VFA/ALK 也同步增加，第 3 天时 VFA/ALK 达到 0.74，而 TVFA 达到 11781mg/L，具有较为严重的酸化风险。而对于投加零价铁的反应器，负荷为 5kgVS/(m³·d) 时，TVFA 和丙酸浓度均出现先上升后降低的趋势，最后稳定在 2000mg/L 以下，随后提升负荷至 7.5kgVS/(m³·d)，可以发现，随着反应进行，反应体系的酸化风险在提高，但在运行 40d 后，VFAs 达到峰值，并在此之后开始回落，此时并未出现"泡沫累积"和"物料膨胀"的现象。这些现象表明，尽管"泡沫累积"和"物料膨胀"与体系酸化现象是正相关的，但同 TVFA 浓度之间并非是线性关系，因此有必要对这种导致反应器运行失败的现象进行深入分析。

## 7.3 厌氧反应器连续运行时的"泡沫累积"和"物料膨胀"现象

同本研究一样，在有机废水、废物的厌氧消化工程应用中，也常会出现泡沫产生的现象，严重影响了设施的正常运行[135,136]。导致这种现象的原因不同学者提出了多种可能，张珏等[137]对厌氧消化过程中的"泡沫累积"现象的原因进行了文献综述，主要包括：表面活性物质存在、丝状菌大量繁殖、温度波动、有机负荷过高以及搅拌方式不佳。

本试验两组反应器为对照试验，搅拌速率、温度均保持一致，因此，这些因素不是造成反应器产生泡沫和物料膨胀的主要原因。

　　鉴于一些报道认为丝状菌可能导致厌氧污泥膨胀，本研究对受到冲击负荷时涌出的发酵液中的细菌和古菌群落进行分析。其中，细菌群落组成如图 7.7 所示。

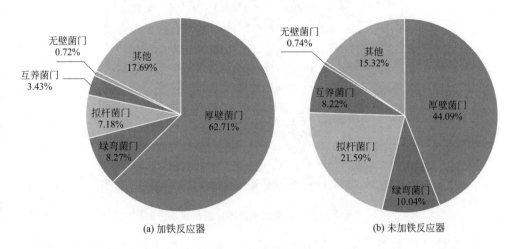

(a) 加铁反应器  (b) 未加铁反应器

图 7.7　反应器细菌群落门水平组成（见彩色插页）

　　两个反应器中，细菌群落主要以梭状菌、杆状菌和球菌为主，但也同时存在绿弯菌门（Chloroflexi），其主要是厌氧蝇菌纲，这是一种丝状菌，但通常存在于污泥菌胶团絮凝体内部，不会引起污泥膨胀[138, 139]。对于之前文献提到的可使厌氧消化过程中产生泡沫的两种主要丝状菌：戈登氏菌（*Gordonia amarae*）和微丝菌（*Microthrix parvicella*）[140]，在本研究中并未发现。扫描电镜观察显示微生物形态主要为杆菌和球菌（图 7.8）。

　　对古菌群落的分析结果表明，未加入零价铁的反应体系中主要为甲烷杆菌 Methanobacteriales（丰度 42.2％），其次为 Thermoplasmata 菌和 Parvarchaeota 菌，丰度分别达到 31.3％和 18.4％，但这两种古菌均为嗜酸菌，在低 pH 值条件下存活，但不能产甲烷，而嗜乙酸产甲烷球菌 Methanosarcinales 的丰度仅为 2.2％，这样的群落结构同样表明，当反应器物料从反应器中涌出时，反应体系出现了较为严重的"过酸化"现象。综上所述，丝状菌并不是造成反应器产生泡沫的主要原因。

　　而从之前对发酵液出料的分析来看，造成这种现象的主要原因是 VFAs 的积累。这是由于 VFAs 属于表面活性物质，溶于水后，溶液表面张力随溶质浓度上升而减小。当厌氧反应产生的气泡被大量 VFAs 等表面活性物质包裹后，很难迅速上升至液面并破裂，从而滞留于物料中，当泡沫累积到一定程度，就会造成"物料膨胀"现象。此外，油脂也属于典型表明活性物质，对泡沫的产生有一定贡献。

图 7.8　出现"泡沫累积"现象的不含零价铁反应器中的微生物形态

根据特劳贝规则，对于挥发酸水溶液，同一浓度下，每增加一个亚甲基（—$CH_2$—），表面张力降低值 $\pi$ 增加 3 倍；例如，由异戊酸引起的使发酵液出现泡沫累积的可能性是乙酸的 27 倍。因此，反应器中物料发生膨胀并涌出的概率同 TVFA 浓度并非线性关系。为研究 VFAs 对物料膨胀的影响，本文中定义表面活性度（$SA$）如下：每 1000 mg/L 的乙酸为 1 个表面活性度，则物料由 VFAs 产生的表面活性度按式(7-1) 计算。

$$SA = \frac{C_1}{1000} + \frac{3C_2}{1000} + \frac{9(C_3 + C_3')}{1000} + \frac{27(C_4 + C_4')}{1000} \tag{7-1}$$

式中　$C_1$——沼液中乙酸浓度，mg/L；

$\quad\quad C_2$——沼液中丙酸浓度，mg/L；

$\quad C_3, C_3'$——沼液中丁酸和异丁酸浓度，mg/L；

$\quad C_4, C_4'$——沼液中戊酸和异戊酸浓度，mg/L。

两个反应器在不同阶段下，由 VFAs 引起的表面活性度的变化如图 7.9 所示。在较低运行负荷[5kgVS/($m^3$·d)]下，加铁反应器中发酵液的表面活性度很低，基本在 5～10 范围内波动，而随着负荷增加，表面活性度开始增长，一方面，是由于 TVFA 浓度的增加，另一方面，异戊酸的大量形成也是导致体系中 VFAs 表面活性能力增强的重要原因。在本研究中，当 $SA$ 值达到 30 以上，反应体系处于非稳定状态，物料容易出现膨胀现象，当 $SA$ 值达到 50 以上时，物料就会从反应器进料口处涌出，反应器运行失败。因此，大量泡沫形成和"物料膨胀"的产生，也是"过酸化"的一种表现形式。总体上，投加零价铁的反应器发酵液表面活性度要显著低于未投加零价铁的反应器，这表明零价铁的加入有助于厌氧体系的稳定运行，降低泡沫产生和物料膨胀风险。

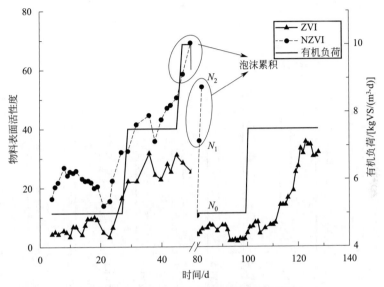

图 7.9　两种反应器中发酵液的表面活性度
变化及其与"泡沫累积"现象间联系

## 7.4 目前零价铁投加存在问题及对其投加方式的优化

从 VFAs 和表面活性度随负荷提高的变化可以看出，尽管零价铁可以有效降低酸化风险，保持厌氧体系的稳定运行，但是在高负荷下，出料的 VFAs 还是不断增高，特别在 $10\mathrm{kgVS/(m^3 \cdot d)}$ 的工况下，零价铁反应器也仅能承受短期（4～5d）的负荷冲击，当长期处于该负荷时，仍然会出现由于 VFAs 积累而导致的"物料膨胀"现象。

本节对两种厌氧反应器在 $10\mathrm{kgVS/(m^3 \cdot d)}$ 负荷下运行第 5 天时，在反应器不同位置进行取样，分析不同位置发酵液的 pH 值、SCOD、VFAs 组成及各组分浓度和总铁含量，找出零价铁目前投加方式存在的不足，并给出相应的优化措施，结果如图 7.10 所示。

从图 7.10 中可以看出，在投加零价铁反应器中，取样点 5 处总铁含量和 pH 值最高，相应地有机物的降解利用速率最快，特别是 VFAs 含量远低于其他取样点，其余取样点上 VFAs 降解程度由高至低依次为第 1 取样点、第 2 取样点、第 4 取样点和第 3 取样点，这一顺序基本同 pH 值高低和总铁含量的分布特点相一致，而造成这种现象的主要原因是目前的零价铁投加方式对于较大

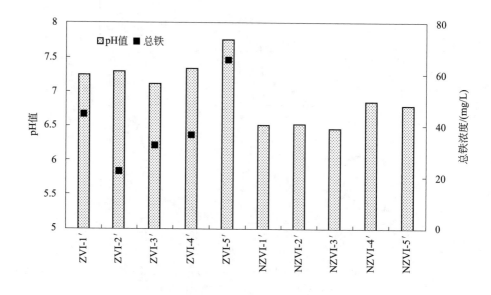

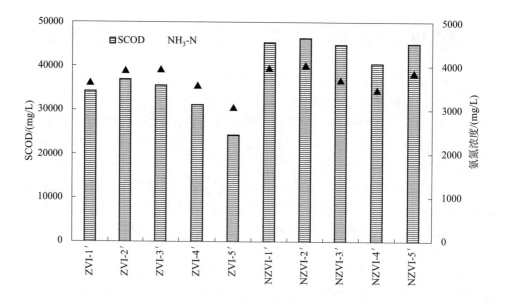

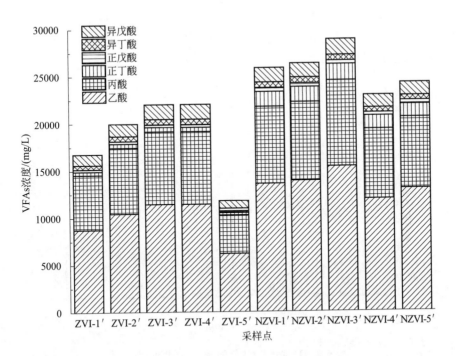

图 7.10　两类反应器不同采样点发酵液性质分析

规模的卧式反应器存在较大弊端。当零价铁从进料口加入后，由于铁粉的密度大，很快就会沉积到反应器的底部，而不会随着搅拌桨叶在反应器中均匀分布，从而在反应器中不同区域形成了具有对有机质代谢程度不一致的"小生境"，在零价铁堆积的第 5 取样点处，形成互营体系的 VFAs 氧化菌和产甲烷菌代谢活性强，而越远离该取样点的位置，微生物代谢活性较差，形成了不同程度的酸积累。

此外，利用 X 射线衍射（XRD）对加入零价铁在沉积底泥中的形态进行分析，结果如图 7.11 所示。

从图 7.11 中可以看出，沼渣中的含铁的物质以零价铁和铁释放电子后产生的针铁矿为主，而其中零价铁占主体。这表明投加入反应器的铁大部分没有被有效利用，因此，可以对其磁选后，重复利用。根据产生沼液中总铁含量约为 $40 \sim 60 \mathrm{mg/L}$，按反应器负荷 $7.5 \mathrm{kgVS/(m^3 \cdot d)}$ 计算，每天运行约消耗 $0.06 \sim 0.09 \mathrm{g}$ 零价铁，换言之，处理每吨有机生活垃圾 [TS 约 20%（质量比），VS 约 80%TS]，消耗零价铁 $40 \sim 60 \mathrm{g}$。此外，这种直接投加零价铁的方式可能会使产生的沼渣将底部零价铁覆盖，影响作用效果。

因此，为了提高零价铁在较大规模连续运行反应器中的应用效果，现对零价铁

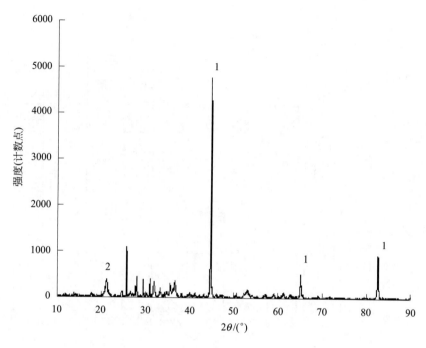

图 7.11 沼渣中含铁物质 XRD 分析结果

1—零价铁；2—针铁矿 FeO（OH）

投加方式提出如下改进建议：

（1）用铁床或框架的形式，将零价铁按搅拌轴为中心，进行中心对称布置，使反应器中各部位发酵液可与零价铁直接接触；

（2）在较大规模的反应器中加设回流装置，避免反应器中存在"死区"和发酵液性质不一致的现象。但这些方式的实际效果还需进一步研究证实。

第 **8** 章

# 常用有机生活垃圾处理新工艺及应用

　　笔者在前几章主要介绍了生活垃圾高压挤压机械预处理方式和有机生活垃圾厌氧消化工艺，并对有机生活垃圾厌氧处理过程中常见的"过酸化"现象的表现方式进行阐述，提出了投加零价铁控制"过酸化"现象这一手段，并通过微生物群落分析，提出了零价铁在此过程中的作用机理。此外，针对我国生活垃圾特性，不同研究学者和环保公司还开发了多种有机生活垃圾处理新工艺，本章在此对常见的一些工艺进行概述。

## 8.1 三段式填埋工艺介绍

　　如绪论所言，填埋作为我国生活垃圾最为主要的处理方式之一，其承担的处置量占收运生活垃圾总量的一半以上。随着我国城镇化进程加快、环保标准日趋严格，填埋技术也在近年来发生了深刻的变革，一些新的工艺被提出，并用于填埋技术的改进和提升。"好氧-厌氧-好氧"三段式填埋工艺即是为了解决传统填埋工艺资源能源回收效率低、二次污染严重和占地面积大的缺点而提出的。

### 8.1.1 有机垃圾好氧改性预处理技术

　　好氧预处理属于机械生物预处理方法（MBT）的一种。张媛媛[141] 对欧洲MBT工艺的效果进行了系统总结后认为，该技术对填埋过程中渗滤液污染控制（包括 COD、TN、VFA、$NH_4^+$-N 等）、温室气体和非甲烷有机化合物消减等方面效果显著，填埋过程中各阶段（水解酸化阶段和甲烷阶段）产生的渗滤液浓度均低于直接填埋后期垃圾渗滤液的水平，其中 COD、TN 的浓度最大可降低程度均在90％以上。这是由于有机生活垃圾成分极为复杂，而其中可用于微生物产气的有机组分主要包括碳水化合物、脂肪、蛋白质、纤维素和半纤维素等。当有机生活垃圾进入传统填埋场后，这些有机物通过水解和酸化作用会产生大量VFAs，并释放至渗滤液，同样会造成体系的酸化，影响甲烷的形成。张媛媛的研究还发现，可溶性糖、淀粉、脂肪和纤维素的水解速率分别是其产甲烷速率的612倍、568倍、57倍和11倍。这意味着，如果能够将可溶性糖和淀粉在厌氧填埋前取出，将会大大减轻厌氧填埋反应器的负担，而好氧预处理过程则可以实现这样的目标。

但是，MBT工艺同样会削减填埋场填埋气的产生，Siddiqui等[142] 分别比较了经过6周和9周MBT处理垃圾与原始生活垃圾的产气差异，发现6～9周的生物预处理削减了80%～92%的填埋气产生潜力。相似的结果在Gioannis等人[143]的研究中也有所体现，其在研究中对比了MBT处理8周和15周的生活垃圾的产气能力，发现经过8周的生物预处理，生活垃圾的产气量变为11.01kg $C/t_{MBTW}$ ±1.25kg $C/t_{MBTW}$；而经过15周的预处理，这一数值下降为4.54kg $C/t_{MBTW}$ ±0.87kg $C/t_{MBTW}$，分别占原始生活垃圾产气量的19%和7%，产气能力明显降低。一方面，对于没有完善填埋气收集系统的填埋场，这种现象会减少温室气体的无组织排放；但另一方面，稳定化的垃圾丧失了其在填埋过程中的产气潜力，不利于$CH_4$ 气体的回收利用，造成一定程度上资源的浪费。因此，好氧预处理时间过短过长均不利于后续厌氧填埋过程。

因此，在传统厌氧填埋之前，增加一个时间长短适宜的好氧预处理，将有机生活垃圾中极易水解酸化的部分"取出"，这样既缓解了酸抑制，缩短了产气周期，又对垃圾厌氧产气的影响不大，从而保障后续的填埋气快速、高效、稳定地产生，达到生活垃圾快速稳定化的目的。

## 8.1.2 原位好氧加速稳定化技术

在厌氧填埋的末期，容易降解的有机物基本已经消耗殆尽，有效能源气体的回收率已经达到85%以上；但有机垃圾中仍存在少量难以降解有机物，在厌氧条件下反应速率很慢，因此使得生活垃圾在传统厌氧填埋厂达到稳定的时间很长，而这些有机物，在好氧条件下，其降解速率是厌氧条件下的10倍以上。鉴于此，国内外一些学者提出了原位好氧加速稳定化技术，通过采用好氧生物处理技术，提高残余有机物的降解速率，缩短有机生活垃圾整体的填埋稳定化周期；通常，好氧加速稳定化过程在1～3年内即可完成。目前，该技术已被广泛应用于非正规填埋场地的修复和大、中型生活垃圾填埋场的加速稳定化和污染控制方面，适用于封场后或正在运行的垃圾填埋片区。

该技术的基本原理是将填埋场视为反应器，通过在填埋垃圾堆体中埋设注气井、排气井和渗滤液回灌设备，利用风机将空气输送到填埋垃圾堆体内部，将传统的厌氧反应器转化为好氧运行。同时把垃圾中由于生物代谢产生的$CO_2$ 等气体抽出，部分收集的渗滤液和其他液体（如需要）可以通过渗滤液回灌系统回注至垃圾堆体内部，其中的污染物直接在垃圾填埋场内部被处理，从而使垃圾渗滤液排放量减小的同时水质得到改善。

目前，对于好氧加速稳定化方面的研究多聚焦于工艺条件的优化，如加速过程中渗滤液回灌量、通风频率以及温度的影响；但是，对于垃圾填埋龄对加速好氧快速稳定化的影响研究较少，这也意味着，在三段式填埋工艺中，加速好氧段的启动节点需进一步深入研究。在工程应用方面，国际上最早的好氧填埋示范工程运用于 Santa Clara 填埋场（1969 年于美国），它是利用通风系统将空气通过渗滤液回灌装置通入到填埋堆体内部，使垃圾堆体转化为好氧状态。但由于缺少运行经验和工艺参考，并未对垃圾堆体的水分控制认识到位，导致气、水的调节失衡，垃圾堆体含水率过低，有机物微生物降解受到抑制，最终处理效果并不理想。进入 2000 年以来，随着生物反应器填埋技术的发展，技术人员对于水气联合调控加速填埋场稳定化技术有了更加深刻的认识。同时由于环保要求越来越严格，好氧加速稳定化工艺被逐渐用于非正规填埋场和已封场填埋场的污染控制和加速稳定化当中。目前好氧加速稳定化工艺在国际上应用案例较多。据统计，自 1990 年以来美国有超过 20 所填埋场采用了好氧工艺，例如 Yolo County、Columbia County、Live Oak、Williamson County 和 New River Regional 等；另外在德国（Kuhstedt、Amberg-Neumühle 和 Milmersdorf 填埋场）、意大利（Sassari 和 Legnago 填埋场）、瑞士、荷兰和澳大利亚等国家，填埋场好氧技术都得到了一定的应用。

### 8.1.3 三段式填埋工艺特点

"好氧-厌氧-好氧"三段式填埋反应器是由传统的厌氧填埋一个阶段转变为三个阶段：第一个阶段通过短期（7~10d）受控条件下的好氧预处理，使易降解的有机物迅速降解，垃圾改性到适合厌氧降解的程度，消除酸化等不利因素对产气的抑制，提升产气稳定性和气体收集效率，减少恶臭和温室气体无组织释放；第二阶段为厌氧填埋，主要通过综合控制控水与动态监测手段实现垃圾中水分的均匀分布，在稳定产气的前提下，最大限度地回收利用填埋气体；当填埋气体回收利用失去经济性、垃圾厌氧降解缓慢时，人为将反应器切换进第三阶段，对垃圾进行原位好氧快速稳定化，该阶段用时 1 年左右（图 8.1）。

通过三段协同优化，可以使垃圾在填埋场稳定化时间从传统的 10~30 年缩短至 5~7 年，实现全过程的降解加速与污染物减排，为垃圾开采利用和填埋空间循环使用创造条件，使垃圾填埋由目前一次性"处置"的土木工程转变为类似于污水处理中 $A^2O$ 流程化处理工艺的环境工程。理想的"好氧-厌氧-好氧"三段式填埋技术，其理念是旨在通过分段的精细化调控和流程式运行，实现生活垃圾全过程加

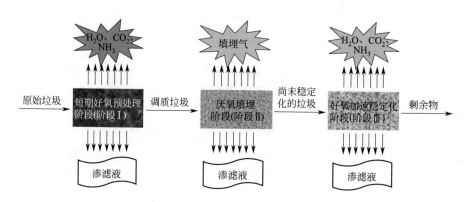

图 8.1 "好氧-厌氧-好氧"三段式填埋工艺流程

速降解、污染物与温室气体减排、资源/能源回收、土地节约的最优化,推动我国生活垃圾填埋向低污染、可持续方向转型。

根据倪哲在实验室中的研究结果,三段式填埋工艺不同阶段运行时应注意以下运行特征和操作要点,并以此确定不同阶段转换的时间节点。

(1)生活垃圾在收集运输后送入好氧预处理单元,该单元采用强制通风静态堆置的方式,通过通风量调节和对温度调控,使堆体尽可能长时间保持高温状态(50~60℃),当堆体温度开始下降并低于50℃时,表明极易酸化物质已被去除,此时可以停止通风,完成三段式填埋的第一阶段。这一过程大约持续6~10d,垃圾减量和减容约30%,剩余垃圾中固相有机碳下降到初始值的63%,产生的渗滤液约为垃圾自身重量的19%。好氧预处理后如不直接进入厌氧填埋阶段,需要暂存,需要采用密闭操作,尽可能减少空气暴露,必要时喷洒一定量的除臭药剂,以控制恶臭的逸散。

(2)三段式厌氧填埋阶段采用小单元填埋模式,各单元区域内填埋气和渗滤液单独收集,从而实现高效调控与运行,形成厌氧填埋生物反应器。在此模式下,填埋气收集效率可达80%~90%,远高于传统填埋场20%~40%的水平;当产气速率开始下降,总产气量达到理论产气量80%时,厌氧阶段停止,填埋反应器转入好氧稳定化阶段。

(3)好氧稳定化阶段采取原位通风的运行方式,并在此过程中进行渗滤液回灌以减少最终渗滤液的产生量和削减其中的污染物浓度,从而减少后续渗滤液处理单元的运行负荷。

(4)经过三段式填埋反应器处理后,固相有机碳基本下降到初始含碳量的20%左右,此时剩余垃圾VS降低到干垃圾的9%~10%,认为剩余垃圾已经腐熟。稳定后的垃圾经过开采、筛分,可以用于市政景观用土、填埋覆盖土、矿坑填料、矿山修复土、土壤改良剂等。经挖掘重整后的场地,可以作为填埋空间继续循环利用[144]。

### 8.1.4　三段式填埋工艺的综合环境效应评估

相比传统的厌氧填埋场，"好氧-厌氧-好氧"三段式填埋反应器无论从土地资源的节约、温室气体的减排还是污染物的减排这三方面，都拥有显著的优势。

由于填埋运行费用（包括渗滤液处理和填埋气中废气治理）和占地费用是构成传统填埋场成本的主要部分，因此，缩短填埋周期和提高土地循环使用率有助于增加填埋工艺的经济效益。根据 IPCC 推荐的模型，传统填埋场垃圾半衰期为 20 年，而生物反应器填埋仅 5 年。倪哲在其研究中通过计算发现，三段式填埋过程单位质量垃圾对于填埋空间的需求仅为传统厌氧填埋方式的 25%，占地成本大幅降低[144]。

对于生活垃圾填埋处理过程中温室气体的排放，主要来自两个方面：一方面是填埋过程，温室气体的直接排放，包括两个好氧操作单元产生的 $CO_2$ 和厌氧操作单元产生的 $CH_4$ 和 $CO_2$，而 $CH_4$ 的温室效应是 $CO_2$ 的 21 倍；另一方面，填埋场产生的渗滤液在处理过程中，处理工艺的耗电，也会间接形成温室气体的排放。倪哲以渗滤液处理工艺为"厌氧＋膜生物反应器＋纳滤＋反渗透"为例进行了三段式填埋工艺和传统那样填埋工艺温室气体排放的对比，经过计算，三段式填埋工艺和厌氧填埋工艺温室气体排放情况如图 8.2 所示。直接填埋过程中温室气体的净释放量达到 48.5$tCO_2$-eq/100t 湿垃圾，主要来源于 $CH_4$ 气体的逸散，渗滤液处理的间接温室气体排放占比较低；而三段式填埋工艺温室气体的净排放量仅为 3.9$tCO_2$-eq/100t 湿垃圾，减排效率高达 89%。

三段式填埋工艺在污染物减排方面的优势在于，可以将厌氧阶段产生的不可控污染物通过好氧操作向第一段和第三段转移；倪哲在其研究中，同样进行了报道：相比于传统厌氧填埋工艺，三段式工艺中厌氧阶段的渗滤液产生量削减达 84%，有机碳削减达 90%，$NH_4^+$-N 削减达到 99% 以上。

## 8.2　有机生活垃圾快速肥料化工艺

随着我国生活垃圾源头分类强制执行政策在上海、北京等大型城市的出台，越来越多的研究、产品和工艺聚焦于如何提升分离后有机生活垃圾的资源化处理率。我国目前执行的生活分类方法，通常要将厨余垃圾（包括厨余垃圾）单独分开。因此，这部分垃圾有机质含量较高，具有作为肥料和饲料制备原料的潜力。

目前，一些环保公司研发出能够在小区中对有机生活垃圾就地处理的设备（图8.3），以期实现处理有机生活垃圾的同时，产生肥料供小区居民养花或小区绿地使用。该工艺是通过向设备中定期投加耐高温好氧微生物菌剂，控制反应温度在

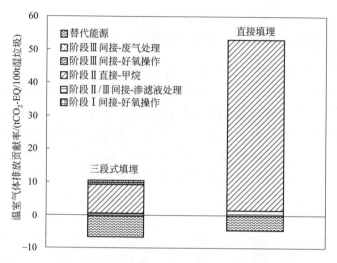

图 8.2　三段式填埋工艺和直接填埋工艺温室气体排放情况对比

$25\sim60℃$，并不断进行搅拌，实现有机垃圾的快速降解，整个垃圾处理过程大约需要 24h，反应结束后，会产生褐色至黑色的有机土。一些设备在实现上述功能的同时，还能对厨余垃圾中含量较高的油脂进行分离。据报道，这种有机生活垃圾处理设备的年运行费用约 4000 元，包括电费和一年添加两次的菌种购置费用。

图 8.3　厨余垃圾小区就地肥料化处理机

总体而言，就地处理的生化设备具有卫生、方便、运作无噪声、无异味、无毒、无二次污染、对人畜无害的优点，而且设备操作简便，对操作人员的技术水平要求低，稍加培训后即可能操作。设备同时还具有低能耗、工作效率高，可 24h 不间断运作的特点。某些生化机采用微电脑可编程序控制器控制，应用聚胺酯保温，溶液或太阳能加温等多项节能技术，能耗降低 10%～20%。产生的残渣可以用于小区绿化，具有资源循环利用的特点。

对于最终肥料产品的品质，笔者认为，由于垃圾在设备中停留时间仅为 24h，远远低于传统有机垃圾堆肥工艺所需时间（45～60d），尽管有外加菌剂的作用，但仍然不能模拟传统堆肥工艺升温阶段、高温阶段和降温阶段全过程，使得产品的肥效大打折扣；但从另外一个角度看，有机生活垃圾在设备中经过高温和微生物的作用，含水率大幅降低，同时杀灭部分有害微生物，实现垃圾无害化处理，因此，将该产品作为进一步生产有机肥的原料是一种不错的选择。

## 8.3 有机生活垃圾饲料化工艺

由于生产饲料对于有机营养成分要求非常高，而生活垃圾中有机营养成分通常难以达到要求，因此，饲料化工艺常用的原料为厨余垃圾。将厨余垃圾饲料化的基本要求除了要保证营养外，还必须进行消毒灭菌，达到饲料卫生标准。制作饲料的技术主要有直接干燥法和生物处理法。

直接干燥法是对厨余垃圾进行预处理后（一般为分拣、脱水脱油过程），采用湿热或干热的工艺，将厨余垃圾加热到一定温度以达到灭菌及干燥的效果，并通过后续处理获得饲料或饲料添加剂。比较典型的工艺流程见图 8.4，其核心技术是高温干燥灭菌过程，不同企业及加热工艺的加热温度和持续时间不同，湿热工艺的灭菌效率一般略高于干热工艺。

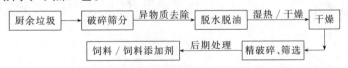

图 8.4　厨余垃圾直接干法法制饲料工艺流程

但是这种方法的处理过程主要采用物理方法，并未改变厨余垃圾中牛、羊等动物物质的种属，高温也并不能保证杀死所有病原体，因此，其产品作为饲料使用时存在同源性安全隐患；而脱水后的厨余垃圾导热性能较差，传热速度慢，直接干燥容易造成受热不均，加剧碳水化合物焦糖化等非酶型褐变反应，同时物料与氧气直接接触，加快了油脂氧化酸败的速度；此外，干热处理不能从根本上改善物料的脱油性能，需要单独配备脱脂设备去除油脂，提高了生产成本，而且也无法解决厨余垃圾含盐量过高的问题。

　　生物处理法的技术核心是微生物利用厨余垃圾中的营养物质进行发酵，最终把这些物质转变为自身的成长和繁殖所需的能源和物质。厨余垃圾生产单细胞蛋白饲料的工艺流程如图 8.5 所示。采用的发酵方式主要有液态发酵和固态发酵两种工艺体系。液态发酵是以液相为连续相的生物反应过程。固态发酵是以气相为连续相的生物反应过程，是指在没有或几乎没有自由水存在的条件下，在有一定湿度的水不溶性固体基质中，用一种或几种微生物进行发酵的一个生物反应过程。由于固态发酵可以提高饲料中蛋白质、氨基酸和维生素的含量，并且具有产率高、周期短、能耗低等优点，因此常用来代替大豆、鱼粉等蛋白饲料。固态发酵主要的工业参数有：发酵温度 30℃±2℃；空气湿度 90％；通风量应以空气必须能通过物料，但又不能把物料吹干为度；通风时间一般采用前短后长。

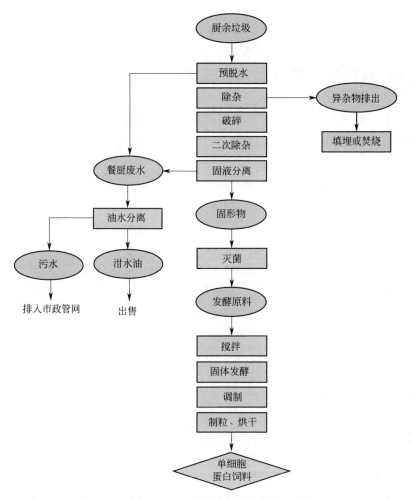

图 8.5　厨余垃圾生产单细胞蛋白饲料的工艺流程

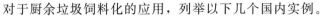

对于厨余垃圾饲料化的应用，列举以下几个国内实例。

（1）四川省双流县双流厨余垃圾处理工程，其日处理厨余泔水能力 20t，每 10t 垃圾可变成 4t 有用的饲料添加剂。

（2）宁波开诚生态技术有限公司的设备参照饲料行业中蛋白质饲料的质量标准和行业标准以及社会环保等方面的要求设计，实现了泔水零排放。

（3）2011 年 9 月，北京市朝阳区高安屯厨余垃圾处理厂正式运营，朝阳区各大饭店和餐饮企业的厨余垃圾都会运到这里进行饲料化，每天厨余垃圾处理量可达 200t。

除了直接将厨余垃圾作为原料制成动物饲料外，用厨余垃圾养虫也是一种饲料化处理有机垃圾的方式。通过喂养黑水虻、黄粉虫的幼体，将厨余垃圾中有机营养组分转化为虫体本身营养物质，并进行繁殖，形成食物链；虫子代谢产生的排泄物进一步加工后又可作为有机肥。这种方式实现了有机垃圾减量化、无害化处理，繁殖出的虫体幼虫还是高级蛋白质饲料，可用来饲养鸡鸭鹅，不但能够促进禽类快速生长，还能够提升其产蛋性能。据报道，每千克黑水虻每天可以处理 10t 厨余垃圾，而这 10t 厨余垃圾可以产出两 t 昆虫蛋白和两 t 有机肥。

## 8.4　有机生活垃圾生物干化工艺

焚烧工艺由于具有减量化程度高、有害物质产生量小和能源化效果明显等优势，在我国生活垃圾处理所占比例不断增加；但鉴于我国有机生活垃圾具有含水率高、热值低的特点，因此，对垃圾分类后产生的厨余垃圾（包括厨余垃圾）直接采用焚烧方式处理可能需要加入煤或油进行辅助燃烧，而生物干化工艺则可一定程度上解决这一问题。

生物干化技术是将垃圾置于好氧仓中，通过微生物好氧代谢释放的热量使垃圾中水分汽化，并随着强制通风将水分带出，从而降低含水率，提高垃圾低位热值，增强垃圾的可燃性[145]。这种处理技术先前多用于污泥调理，近年来，一些学者开始将其用作生活垃圾的预处理方法进行研究，例如，同济大学何品晶课题组主要研究了通风条件、干化产品接种对生活垃圾生物干化的影响[146]，以及干化过程中挥发性有机物的释放特征[147]。李国学课题组发现，在厨余垃圾生物干化过程中加入木本泥炭和玉米秸秆作为辅料，可以降低厨余垃圾含水率，提高干化效果，缩短进入高温期所需时间，避免干化过程中垃圾渗滤液的形成[148]。

在发达国家，生物干化技术常用来辅助热干化用于垃圾衍生燃料（RDF）的制造，以此降低热干化技术和设备对外部热源的使用量，降低 RDF 的生产成本；目前，德国和意大利有 4 座采用干燥稳定技术的垃圾处理设施，年处理垃圾总量近 50 万吨[149]。2021 年年底，中国锦江环境控股有限公司将在新加坡建造一个处理规模为 500t/d 的机械-生物垃圾处理试点项目，该项目由苏州嘉诺总承包负责；项目所采用的主要工艺即为生物干化系统，通过全自动控制运行的干化过程，将含水率由 55% 降低至 25%，干化后的垃圾经分选、破碎，剔除不适宜的物料组分后，制成高标准的固体回收燃料（SRF），打包后向周边国家出售。

当然，热干化工艺同样具有明显的缺点，即处理过程中会产生较多的恶臭气体（如 $H_2S$、$NH_3$ 等），对周边环境造成污染。恶臭物质的产生同干化温度有着直接关系，李春萍等研究发现，生活垃圾在 600℃ 下产生的恶臭最多，500℃ 以下烘干时，产生的恶臭气体总量较小，但 200℃ 时产生的恶臭种类和浓度要高于 100℃、300℃、400℃ 和 500℃[150]。

## 8.5 水泥窑协同处置城市生活垃圾工艺

前面介绍的均是针对生活垃圾分类后"湿组分"的处理工艺，而随着我国生活水平日益提高，混合生活垃圾的热值也在不断上升，因此，对于低位热值本身较高的混合生活垃圾或者分类后的"干组分"，除了采用焚烧这一处置方法外，用水泥窑对其进行协同处置同样可以实现生活垃圾的无害化处理和资源化利用。

相比于其他处理方式，利用水泥窑处置生活垃圾，具有投资少、处理效果好、有效利用残渣、无渗滤液产生、无二次污染等优点。该工艺的基本原理是利用垃圾中的可燃组分代替燃料喷入水泥窑为水泥生料提供热能；而不可燃的无机组分在水泥生料磨粉过程可作为替代原料掺加进去。总体而言，水泥窑协同处置生活垃圾技术充分挖掘了生活垃圾能源资源潜力，提高了垃圾资源化利用水平的同时，减少了水泥生产过程中能源和资源的消耗，实现了双赢[151]。

但是，目前我国水泥窑协同处置的生活垃圾量仅占生活垃圾无害化处理总量的 3%；而已建成投产的具有协同处置生活垃圾能力的水泥生产线共有 30 多条，不到全部水泥生产线的 3%，远低于我国发布的《关于化解产能严重过剩矛盾的指导意见》中 10% 的目标。造成这种现象的原因除了政策红利不足、没有统一标准规范外，还有水泥窑协同处置的技术工艺亟待进一步完善。生活垃圾中由于含有较多聚氯乙烯等含氯塑料制品，同时厨余垃圾盐分较高，导致生活垃圾整体氯离子含量高；氯盐在熟料烧成系统中具有极高的挥发性，会随着热烟气返回预热器，导致预热器中生料的氯离子浓度大幅度上升，同时，也容易使预热器内壁结垢，严重时造成通风不良和预热器堵塞[152]，此外，氯离子还是二噁英产生的前驱物，因此，生活垃圾入窑前必须经过预处理，同时严控氯离子含量。

国内几个传统水泥生产企业，如海螺、金隅、华新等也纷纷开始涉足水泥窑协同处置城市生活垃圾行业。目前，这一行业有两种工艺技术，一种是在水泥厂内设置单独的垃圾热解焚烧气化处理系统，城市垃圾在垃圾热解气化炉内经过热解焚烧或气化处理后产生的高温烟气可以通入分解炉内加热生料，也可用于其他方面，如生产热水、蒸汽和发电等，而焚烧炉产生的灰渣排出炉外收集起来可作为水泥的部分替代原料进入水泥窑焙烧成熟料。较为典型的有海螺公司与日本川崎公司合作研制开发的 CKK 技术（气化炉焚烧与新型干法水泥窑结合的垃圾处理技术），该技术已经在铜陵水泥厂 5000t/d 新型干法水泥窑协同处置城市生活垃圾生产线上使用；北京金隅公司在北京太行前景公司 3200t/d 新型干法水泥生产线进行的 100t/d 的城市生活垃圾气化炉，这种工艺优点是技术成熟，可以充分利用城市垃圾物质和能量资源，对城市垃圾处理较为彻底，但缺点是需要设置独立的垃圾处理炉，投资成本和运行管理维护费用增加。另外一种工艺是不单独设置垃圾焚烧处理炉，但需要对生活垃圾进行精细预处理，包括对原生垃圾的干燥脱水、分选、破碎和筛分，经过预处理后，筛分出的可燃筛上物直接作为替代燃料送入分解炉焚烧利用，筛分后筛下的不可燃物可作为水泥生料的部分替代原料。这种工艺的代表技术主要有中材公司的 SINOMA 技术、华新公司的 HXH 技术等，该技术优点在于无需设置单独的垃圾焚烧气化炉及其附属设备，节约一定投资成本和运行管理维护费用，但该工艺必须对收集的生活垃圾进行脱水分选预处理，这同样会增加一定场所、建设成本及管理费用。因此，在具体的工艺技术选择上，应综合考虑当地经济水平、水泥厂现状、原生垃圾特性等因素后进行比选。

# 参 考 文 献

［1］ 中华人民共和国国家统计局. 中国统计年鉴［R］. 北京：中国统计出版社，2019.

［2］ 符鑫杰，李涛，班允鹏，等. 垃圾焚烧技术发展综述［J］. 中国环保产业. 2018（08）：56-59.

［3］ 聂永丰. 固体废物处理工程技术手册［M］. 北京：化学工业出版社，2013.

［4］ 赫兹·莱廷格. 通往可持续环境保护之路——UASB 之父 Gatze Lettinga 的厌氧故事［M］. 北京：化学工业出版社，2015.

［5］ Jiang J，Zhang Y，Li K，et al. Volatile Fatty Acids Production from Food Waste：Effects of pH，Temperature，and Organic Loading Rate［J］. *Bioresource Technology*. 2013，143：525-530.

［6］ Kim D，Kim S，Jung K，et al. Effect of Initial pH Independent of Operational pH on Hydrogen Fermentation of Food Waste［J］. *Bioresource Technology*. 2011，102（18SI）：8646-8652.

［7］ Lee D，Ebie Y，Xu K，et al. Continuous $H_2$ and $CH_4$ Production from High-Solid Food Waste in the Two-Stage Thermophilic Fermentation Process with the Recirculation of Digester Sludge［J］. *Bioresource Technology*. 2010，1011：S42-S47.

［8］ Karthikeyan O P，Visvanathan C. Bio-Energy Recovery from High-Solid Organic Substrates by Dry Anaerobic Bio-Conversion Processes：a Review［J］. *Reviews in Environmental Science and Bio-Technology*. 2013，12（3）：257-284.

［9］ Duan N，Dong B，Wu B，et al. High-Solid Anaerobic Digestion of Sewage Sludge under Mesophilic Conditions：Feasibility Study［J］. *Bioresource Technology*. 2012，104：150-156.

［10］ Zeshan，Karthikeyan O P，Visvanathan C. Effect of C/N Ratio and Ammonia-N Accumulation in a Pilot-Scale Thermophilic Dry Anaerobic Digester［J］. *Bioresource Technology*. 2012，113（SI）：294-302.

［11］ Dinh D N，Chang S W，Jeong S Y，et al. Dry Thermophilic Semi-Continuous Anaerobic Digestion of Food Waste：Performance Evaluation，Modified Gompertz Model Analysis，and Energy Balance［J］. *Energy Conversion and Management*. 2016，128：203-210.

［12］ Song X，Zhang K，Han B，et al. Anaerobic Co-digestion of Pig Manure with Dried Maize Straw［J］. *BioResources*. 2016，11（4）：8914-8928.

［13］ Fernandez-Rodriguez J，Perez M，Romero L I. Dry Thermophilic Anaerobic Digestion of the Organic Fraction of Municipal Solid Wastes：Solid Retention Time Optimization［J］. *Chemical Engineering Journal*. 2014，251：435-440.

［14］ 周玲玲，戴晓虎，陈功，等. 城市有机质废弃物的生物质能源回收技术与工程案例［J］. 中国给水排水. 2012，28（2）：21-24.

［15］ Qian M Y，Li R H，Li J，et al. Industrial Scale Garage-Type Dry Fermentation of Municipal Solid Waste to Biogas［J］. *Bioresource Technology*. 2016，217（SI）：82-89.

［16］ 任南琪，秦智，李建政. 不同产酸发酵菌群产氢能力的对比与分析［J］. 环境科学.

2003，24（1）：70-74.

[17] Cohen A，Zoetemeyer R J，Vandeursen A，et al. Anaerobic Digestion of Glucose with Separated Acid Production and Methane Formation [J]. *Water Research*. 1979，13（7）：571-580.

[18] Hu C C，Giannis A，Chen C，et al. Evaluation of Hydrogen Producing Cultures Using Pretreated Food Waste [J]. *International Journal of Hydrogen Energy*. 2014，39（33）：19337-19342.

[19] Cohen A，Vangemert J M，Zoetemeyer R J，et al. Main Characteristics and Stoichiometeric Aspects of Acidogenesis of Soluble Carbohydrate Containing Wastewaters [J]. *Process Biochemistry*. 1984，19（6）：228-232.

[20] Ren N Q，Wang B Z，Huang J C. Ethanol-Type Fermentation from Carbohydrate in High Rate Acidogenic Reactor [J]. *Biotechnology and Bioengineering*. 1997，54（5）：428-433.

[21] 赵鑫. 乙醇型发酵群落分析及产乙醇杆菌功能基因表达研究 [D]. 哈尔滨：哈尔滨工业大学，2011.

[22] 任南琪，王爱杰，马放. 产酸发酵微生物生理生态学 [M]. 北京：科学出版社，2005.

[23] Zheng M，Zheng M，Wu Y，et al. Effect of pH on Types of Acidogenic Fermentation of Fruit and Vegetable Wastes [J]. *Biotechnology and Bioprocess Engineering*. 2015，20（2）：298-303.

[24] 何曼妮. 不同温度对餐厨垃圾酸化及其产物甲烷化的影响研究 [D]. 北京：北京化工大学，2013.

[25] 刘会友，王俊辉，赵定国. 厌氧消化处理餐厨垃圾的工艺研究 [J]. 能源技术. 2005，（04）：150-154.

[26] Mccarty P L，Mckinney R E. Salt Toxicity in Anaerobic Digestion [J]. *Water Pollution Control Federation*. 1961，33（4）：399-415.

[27] 马磊，王德汉，曾彩明. 餐厨垃圾的干式厌氧消化处理技术初探 [J]. 中国沼气. 2007，（01）：27-30.

[28] Novarino D，Zanetti M C. Anaerobic Digestion of Extruded OFMSW [J]. *Bioresource Technology*. 2012，104：44-50.

[29] Tyagi V K，Lo S，Appels L，et al. Ultrasonic Treatment of Waste Sludge：A Review on Mechanisms and Applications [J]. *Critical Reviews in Environmental Science and Technology*. 2014，44（11）：1220-1288.

[30] Gadhe A，Sonawane S S，Varma M N. Ultrasonic Pretreatment for an Enhancement of Biohydrogen Production from Complex Food Waste [J]. *International Journal of Hydrogen Energy*. 2014，39（15）：7721-7729.

[31] Cho S，Ju H，Lee J，et al. Alkaline-Mechanical Pretreatment Process for Enhanced Anaerobic Digestion of Thickened Waste Activated Sludge with a Novel Crushing Device：Performance Evaluation and Economic Analysis [J]. *Bioresource Technology*. 2014，165：

183-190.

［32］ Shahriari H，Warith M，Hamoda M，et al. Evaluation of Single vs. Staged Mesophilic Anaerobic Digestion of Kitchen Waste with and without Microwave Pretreatment ［J］. *Journal of Environmental Management*. 2013，125：74-84.

［33］ Miao H，Lu M，Zhao M，et al. Enhancement of Taihu Blue Algae Anaerobic Digestion Efficiency by Natural Storage ［J］. *Bioresource Technology*. 2013，149：359-366.

［34］ Shewani A，Horgue P，Pommier S，et al. Assessment of Percolation through a Solid Leach Bed in Dry Batch Anaerobic Digestion Processes ［J］. *Bioresource Technology*. 2015，178：209-216.

［35］ Chen X，Zhang Y，Gu Y，et al. Enhancing Methane Production from Rice Straw by Extrusion Pretreatment ［J］. *Applied Energy*. 2014，122：34-41.

［36］ Hjorth M，Gränitz K，Adamsen A P S，et al. Extrusion as a Pretreatment to Increase Biogas Production ［J］. *Bioresource Technology*. 2011，102 (8)：4989-4994.

［37］ Elbeshbishy E，Nakhla G. Comparative Study of the Effect of Ultrasonication on the Anaerobic Biodegradability of Food Waste in Single and Two-Stage Systems ［J］. *Bioresource Technology*. 2011，102 (11)：6449-6457.

［38］ Fdez. Güelfo L A，álvarez-Gallego C，Sales Márquez D，et al. New Parameters to Determine the Optimum Pretreatment for Improving the Biomethanization Performance ［J］. *Chemical Engineering Journal*. 2012，198-199：81-86.

［39］ 刘研萍，燕艳，方刚，等. 高温水解预处理对餐厨垃圾厌氧消化的影响 ［J］. 中国沼气. 2014，32 (1)：43-48.

［40］ Li Y，Jin Y，Li J，et al. Effects of Thermal Pretreatment on the Biomethane Yield and Hydrolysis Rate of Kitchen Waste ［J］. *Applied Energy*. 2016，172：47-58.

［41］ Zhang S，Guo H，Du L，et al. Influence of NaOH and Thermal Pretreatment on Dewatered Activated Sludge Solubilisation and Subsequent Anaerobic Digestion：Focused on High-Solid State ［J］. *Bioresource Technology*. 2015，185：171-177.

［42］ Janke L，Leite A，Batista K，et al. Optimization of Hydrolysis and Volatile Fatty Acids Production from Sugarcane Filter Cake：Effects of Urea Supplementation and Sodium Hydroxide Pretreatment ［J］. *Bioresource Technology*. 2016，199：235-244.

［43］ Ziemiński K，Romanowska I，Kowalska M. Enzymatic Pretreatment of Lignocellulosic Wastes to Improve Biogas Production ［J］. *Waste Management*. 2012，32 (6)：1131-1137.

［44］ Bougrier C，Albasi C，Delgenès J P，et al. Effect of Ultrasonic，Thermal and Ozone Pretreatments on Waste Activated Sludge Solubilisation and Anaerobic Biodegradability ［J］. *Chemical Engineering and Processing：Process Intensification*. 2006，45 (8)：711-718.

［45］ 刘春，李亮，马俊科，等. 基于 mcrA 基因的厌氧颗粒污泥产甲烷菌群分析 ［J］. 环境科学. 2011，32 (4)：1114-1119.

［46］ Sundberg C，Al-Soud W A，Larsson M，et al. 454 Pyrosequencing Analyses of Bacterial and

Archaeal Richness in 21 Full-Scale Biogas Digesters [J]. *Fems Microbiology Ecology*. 2013, 85 (3): 612-626.

[47] Sun L, Pope P B, Eijsink V G H, et al. Characterization of Microbial Community Structure During Continuous Anaerobic Digestion of Straw and Cow M1anure [J]. *Microbial Biotechnology*. 2015, 8 (5): 815-827.

[48] Montero B, Garcia-Morales J L, Sales D, et al. Evolution of Microorganisms in Thermophilic-Dry Anaerobic Digestion [J]. *Bioresource Technology*. 2008, 99 (8): 3233-3243.

[49] De Vrieze J, Gildemyn S, Vilchez-Vargas R, et al. Inoculum Selection is Crucial to Ensure Operational Stability in Anaerobic Digestion [J]. *Applied Microbiology and Biotechnology*. 2015, 99 (1): 189-199.

[50] Razaviarani V, D. Buchanan I. Anaerobic Co-Digestion of Biodiesel Waste Glycerin with Municipal Wastewater Sludge: Microbial Community Structure Dynamics and Reactor Performance [J]. *Bioresource Technology*. 2015, 182: 8-17.

[51] 王腾旭，马星宇，王萌萌，等. 中高温污泥厌氧消化系统中微生物群落比较 [J]. 微生物学通报. 2016, 43 (1): 26-35.

[52] Ariesyady H D, Ito T, Okabe S. Functional Bacterial and Archaeal Community Structures of Major Trophic Groups in a Full-Scale Anaerobic Sludge Digester [J]. *Water Research*. 2007, 41 (7): 1554-1568.

[53] Cheon J, Hidaka T, Mori S, et al. Applicability of Random Cloning Method to Analyze Microbial Community in Full-Scale Anaerobic Digesters [J]. *Journal of Bioscience and Bioengineering*. 2008, 106 (2): 134-140.

[54] Jang H M, Kim J H, Ha J H, et al. Bacterial and Methanogenic Archaeal Communities during the Single-Stage Anaerobic Digestion of High-Strength Food Wastewater [J]. *Bioresource Technology*. 2014, 165 (SI): 174-182.

[55] Zacharof M, Vouzelaud C, Mandale S J, et al. Valorization of Spent Anaerobic Digester Effluents through Production of Platform Chemicals Using Clostridium Butyricum [J]. *Biomass & Bioenergy*. 2015, 81: 294-303.

[56] Gulhane M, Pandit P, Khardenavis A, et al. Study of Microbial Community Plasticity for Anaerobic Digestion of Vegetable Waste in Anaerobic Baffled Reactor [J]. *Renewable Energy*. 2017, 101: 59-66.

[57] Ren J, Yuan X, Li J, et al. Performance and Microbial Community Dynamics in a Two-Phase Anaerobic Co-Digestion System Using Cassava Dregs and Pig Manure [J]. *Bioresource Technology*. 2014, 155: 342-351.

[58] 史宏伟，邹德勋，左剑恶，等. 原料差异对厌氧消化微生物群落的影响 [J]. 农业环境科学学报. 2011, 30 (8): 1675-1682.

[59] Mueller N, Worm P, Schink B, et al. Syntrophic Butyrate and Propionate Oxidation Processes: from Genomes to Reaction Mechanisms [J]. *Environmental Microbiology Reports*. 2010, 2 (4): 489-499.

［60］ 张小元，李香真，李家宝．微生物互营产甲烷研究进展［J］．应用与环境生物学报．2016，22（1）：156-166.

［61］ Meng X，Zhang Y，Li Q，et al. Adding Fe$^0$ Powder to Enhance the Anaerobic Conversion of Propionate to Acetate［J］. *Biochemical Engineering Journal*. 2013，73：80-85.

［62］ Zhang J，Zhang Y，Quan X，et al. Bioaugmentation and Functional Partitioning in a Zero Valent Iron-Anaerobic Reactor for Sulfate-Containing Wastewater Treatment［J］. *Chemical Engineering Journal*. 2011，174（1）：159-165.

［63］ Dechrugsa S，Kantachote D，Chaiprapat S. Effects of Inoculum to Substrate Ratio，Substrate Mix Ratio and Inoculum Source on Batch Co-Digestion of Grass and Pig Manure［J］. *Bioresource Technology*. 2013，146：101-108.

［64］ 王兴春，杨致荣，王敏，等．高通量测序技术及其应用［J］．中国生物工程杂志．2012，32（1）：109-114.

［65］ 夏围围，贾仲君．高通量测序和 DGGE 分析土壤微生物群落的技术评价［J］．微生物学报．2014，54（12）：1489-1499.

［66］ Cho S，Im W，Kim D，et al. Dry Anaerobic Digestion of Food Waste under Mesophilic Conditions：Performance and Methanogenic Community Analysis［J］. *Bioresource Technology*. 2013，131：210-217.

［67］ 李慧星，杜风光，薛刚．高通量测序研究酒精废水治理中厌氧活性污泥的微生物菌群［J］．环境科学学报．2016，36（11）：4112-4119.

［68］ Lu Q，Yi J，Yang D. Comparative Analysis of Performance and Microbial Characteristics Between High-Solid and Low-Solid Anaerobic Digestion of Sewage Sludge Under Mesophilic Conditions［J］. *Journal of Microbiology and Biotechnology*. 2016，26（1）：110-119.

［69］ Traversi D，Villa S，Lorenzi E，et al. Application of a Real-Time q-PCR Method to Measure the Methanogen Concentration during Anaerobic Digestion as an Indicator of Biogas Production Capacity［J］. *Journal of Environmental Management*. 2012，111：173-177.

［70］ 徐双．高压挤压预处理对生活垃圾有机组分厌氧消化性能的影响［D］．北京：清华大学，2016.

［71］ Wu Q，Guo W，Zheng H，et al. Enhancement of Volatile Fatty Acid Production by Co-Fermentation of Food Waste and Excess Sludge without pH Control：The Mechanism and Microbial Community Analyses［J］. *Bioresource Technology*. 2016，216：653-660.

［72］ Environmental Management-Life Cycle Assessment-Principles and Framework［S］. Second edition ed. ISO/IDS 14040，2006.

［73］ Iso. Environmental management- Life cycle assessment-Requirements and guidelines［S］. first edition ed. ISO/IDS 14040，2006.

［74］ Wu D，Zheng S，Ding A，et al. Performance of a Zero Valent Iron-Based Anaerobic System in Swine Wastewater Treatment［J］. *Journal of Hazardous Materials*. 2015，286：1-6.

［75］ Yang Z，Xu H，Shan C，et al. Effects of brining on the Corrosion of ZVI and Its Subsequent As（Ⅲ/Ⅴ）and Se（Ⅳ/Ⅵ）Removal from Water［J］. *Chemosphere*. 2017，170：

251-259.

[76] Sun Y，Li J，Huang T，et al. The Influences of Iron Characteristics，Operating Conditions and Solution Chemistry on Contaminants Removal by Zero-Valent iron：A Review [J]. *Water Research*. 2016，100：277-295.

[77] Lin C J，Lo S L，Liou Y H. Dechlorination of Trichloroethy Lene in Aqueous Solution by Noble Metal-Modified iron [J]. *Journal of Hazardous Materials*. 2004，116（3）：219-228.

[78] 曾宪委，刘建国，聂小琴. 基于零价铁的双金属体系对六氯苯还原脱氯研究 [J]. 环境科学. 2013，34（1）：182-187.

[79] Wang C B，Zhang W X. Synthesizing Nanoscale Iron Particles for Rapid and Complete Dechlorination of TCE and PCBs [J]. *Environmental Science & Technology*. 1997，31（7）：2154-2156.

[80] Daniels L，Belay N，Rajagopal B S W P. Bacterial Methanogenesis and Growth from $CO_2$ with Elemental Iron as the Sole Source of Electrons [J]. *Science*. 1987，237：509-511.

[81] Xiao X，Sheng G，Mu Y，et al. A modeling Approach to Describe ZVI-Based Anaerobic System [J]. *Water Research*. 2013，47（16）：6007-6013.

[82] Liu Y，Zhang Y，Quan X，et al. Optimization of Anaerobic Acidogenesis by Adding $Fe^0$ Powder to Enhance Anaerobic Wastewater Treatment [J]. *Chemical Engineering Journal*. 2012，192：179-185.

[83] Feng Y，Zhang Y，Quan X，et al. Enhanced Anaerobic Digestion of Waste Activated Sludge Digestion by the Addition of Zero valent Iron [J]. *Water Research*. 2014，52：242-250.

[84] 孟旭升. 零价铁强化厌氧丙酸转化乙酸过程的研究 [D]. 大连：大连理工大学，2013.

[85] Zhen G，Lu X，Li Y，et al. Influence of Zero Valent Scrap Iron（ZVSI）Supply on Methane Production from Waste Activated Sludge [J]. *Chemical Engineering Journal*. 2015，263：461-470.

[86] Liu Y，Wang Q，Zhang Y，et al. Zero Valent Iron Significantly Enhances Methane Production from Waste Activated Sludge by Improving Biochemical Methane Potential Rather Than Hydrolysis Rate [J]. *Scientific Reports*. 2015，5：8263.

[87] Zhang Y，Feng Y，Quan X. Zero-valent Iron Enhanced Methanogenic Activity in Anaerobic Digestion of Waste Activated Sludge after Heat and Alkali Pretreatment [J]. *Waste Management*. 2015，38：297-302.

[88] Liu Y，Zhang Y，Ni B. Zero Valent Iron Simultaneously Enhances Methane Production and Sulfate Reduction in Anaerobic Granular Sludge Reactors [J]. *Water Research*. 2015，75：292-300.

[89] Su L，Shi X，Guo G，et al. Stabilization of Sewage Sludge in the Presence of Nanoscale Zero-Valent Iron（nZVI）：Abatement of Odor and Improvement of Biogas Production [J]. *Journal of Material Cycles and Waste Management*. 2013，15（4）：461-468.

[90] Yang Y，Guo J，Hu Z. Impact of Nano Zero Valent Iron（NZVI）on Methanogenic Activity

and Population Dynamics in Anaerobic Digestion ［J］. *Water Research*. 2013，47（17）：6790-6800.

［91］ Zhang Y，Liu Y，Jing Y，et al. Steady Performance of a Zero Valent Iron Packed Anaerobic Reactor for Azo Dye Wastewater Treatment under Variable Influent Quality ［J］. *Journal of Environmental Sciences*. 2012，24（4）：720-727.

［92］ 何冬伟，牛冬杰，赵由才. 铁刨花对餐厨垃圾厌氧发酵产酸的影响研究 ［J］. 能源与节能. 2014（01）：94-96.

［93］ 郭广寨，苏良湖，孙旭，等. 不同粒径零价铁（ZVI）对污水污泥 $H_2S$ 和 $CH_4$ 释放速率的影响 ［J］. 环境工程学报. 2012，6（5）：1693-1698.

［94］ Su L，Zhen G，Zhang L，et al. The Use of the Core-Shell Structure of Zero-Valent Iron Nanoparticles（NZVI）for Long-Term Removal of Sulphide in Sludge during Anaerobic Digestion ［J］. 2015，17（12）：2013-2021.

［95］ Elbeshbishy E，Nakhla G，Hafez H. Biochemical Methane Potential（BMP）of Food Waste and Primary Sludge：Influence of Inoculum Pre-Incubation and Inoculum Source ［J］. *Bioresource Technology*. 2012，110：18-25.

［96］ Lesteur M，Bellon-Maurel V，Gonzalez C，et al. Alternative Methods for Determining Anaerobic Biodegradability：A Review ［J］. *Process Biochemistry*. 2010，45（4）：431-440.

［97］ Lim S，Kim B J，Jeong C，et al. Anaerobic Organic Acid Production of Food Waste in Once-A-Day Feeding and Drawing-Off Bioreactor ［J］. *Bioresource Technology*. 2008，99（16）：7866-7874.

［98］ Jiang J，Gong C，Wang J，et al. Effects of Ultrasound Pre-Treatment on the Amount of Dissolved Organic Matter Extracted from Food Waste ［J］. *Bioresource Technology*. 2014，155：266-271.

［99］ Yamada C，Kato S，Ueno Y，et al. Conductive Iron Oxides Accelerate Thermophilic Methanogenesis from Acetate and Propionate ［J］. *Journal of Bioscience and Bioengineering*. 2015，119（6）：678-682.

［100］ Jabeen M，Zeshan，Yousaf S，et al. High-Solids Anaerobic Co-Digestion of Food Waste and Rice Husk at Different Organic Loading Rates ［J］. *International Biodeterioration ＆ Biodegradation*. 2015，102（SI）：149-153.

［101］ Izumi K，Okishio Y，Nagao N，et al. Effects of Particle Size on Anaerobic Digestion of Food Waste ［J］. *International Biodeterioration ＆ Biodegradation*. 2010，64（7）：601-608.

［102］ 段妮娜，董滨，李江华，等. 污泥和餐厨垃圾联合干法中温厌氧消化性能研究 ［J］. 环境科学. 2013，34（1）：321-327.

［103］ Liu X，Li R，Ji M，et al. Hydrogen and Methane Production by Co-Digestion of Waste Activated Sludge and Food Waste in the Two-Stage Fermentation Process：Substrate Conversion and Energy Yield ［J］. *Bioresource Technology*. 2013，146：317-323.

［104］ Dai X，Duan N，Dong B，et al. High-Solids Anaerobic Co-Digestion of Sewage Sludge and

Food Waste in Comparison with Mono Digestions: Stability and Performance [J]. *Waste Management*. 2013, 33 (2): 308-316.

[105] Agyeman F O, Tao W. Anaerobic Co-Digestion of Food Waste and Dairy Manure: Effects of Food Waste Particle Size and Organic Loading Rate [J]. *Journal of Environmental Management*. 2014, 133: 268-274.

[106] 张杰, 陆雅海. 互营氧化产甲烷微生物种间电子传递研究进展 [J]. 微生物学通报. 2015, 42 (5): 920-927.

[107] Xu S, Lu W, Liu Y, et al. Structure and Diversity of Bacterial Communities in Two Large Sanitary Landfills in China as Revealed by High-Throughput Sequencing (MiSeq) [J]. *Waste Management*. 2016.

[108] Shehab N, Li D, Amy G L, et al. Characterization of Bacterial and Archaeal Communities in Air-Cathode Microbial Fuel Cells, Open Circuit and Sealed-Off Reactors [J]. *Applied Microbiology and Biotechnology*. 2013, 97 (22): 9885-9895.

[109] Luton P E, Wayne J M, Sharp R J, et al. The McrA Gene as an Alternative to 16S rRNA in the Phylogenetic Analysis of Methanogen Populations in Landfill [J]. *Microbiology*. 2002, 148 (Pt 11): 3521-3530.

[110] Edgar R C. UPARSE: Highly Accurate OTU Sequences from Microbial Amplicon Reads [J]. *Nature Methods*. 2013, 10 (10): 996.

[111] Desantis T Z, Hugenholtz P, Larsen N, et al. Greengenes, a Chimera-Checked 16S rRNA Gene Database and Workbench Compatible with ARB [J]. *Applied and Environmental Microbiology*. 2006, 72 (7): 5069-5072.

[112] Wang Q, Garrity G M, Tiedje J M, et al. Naive Bayesian Classifier for Rapid Assignment of rRNA Sequences into the New Bacterial Taxonomy [J]. *Applied and Environmental Microbiology*. 2007, 73 (16): 5261-5267.

[113] Menzel P, Ng K L, Krogh A. Fast and Sensitive Taxonomic Classification for Metagenomics with Kaiju [J]. *Nature Communications*. 2016, 7 (11257).

[114] Einen J, Thorseth I H, Ovreas L. Enumeration of Archaea and Bacteria in Seafloor Basalt Using Real-Time Quantitative PCR and Fluorescence Microscopy [J]. *Fems Microbiology Letters*. 2008, 282 (2): 182-187.

[115] Park S K, Jang H M, Ha J H, et al. Sequential Sludge Digestion after Diverse Pre-Treatment Conditions: Sludge Removal, Methane Production and Microbial Community Changes [J]. *Bioresource Technology*. 2014, 162: 331-340.

[116] Denman S E, Tomkins N, Mcsweeney C S. Quantitation and Diversity Analysis of Ruminal Methanogenic Populations in Response to the Antimethanogenic Compound Bromochloromethane [J]. *Fems Microbiology Ecology*. 2007, 62 (3): 313-322.

[117] Yu Y, Lee C, Kim J, et al. Group-specific Primer and Probe Sets to Detect Methanogenic Communities Using Quantitative Real-Time Polymerase Chain Reaction [J]. *Biotechnology and Bioengineering*. 2005, 89 (6): 670-679.

[118] Yu Y, Kim J, Hwang S. Use of Real-Time PCR for Group-Specific Quantification of Aceticlastic Methanogens in Anaerobic Processes: Population Dynamics and Community Structures [J]. *Biotechnology and Bioengineering*. 2006, 93 (3): 424-433.

[119] Supaphol S, Jenkins S N, Intomo P, et al. Microbial Community Dynamics in Mesophilic Anaerobic Co-Digestion of Mixed Waste [J]. *Bioresource Technology*. 2011, 102 (5): 4021-4027.

[120] Kampmann K, Ratering S, Geißler-Plaum R, et al. Changes of the Microbial Population Structure in an Overloaded Fed-Batch Biogas Reactor Digesting Maize Silage [J]. *Bioresource Technology*. 2014, 174: 108-117.

[121] Dodsworth J A, Blainey P C, Murugapiran S K, et al. Single-cell and Metagenomic Analyses Indicate a Fermentative and Saccharolytic Lifestyle for Members of the OP9 Lineage [J]. *Nature Communications*. 2013, 4: 1854.

[122] Friedrich M. Methyl-Coenzyme M Reductase Genes: Unique Functional Markers for Methanogenic and Anaerobic Methane-Oxidizing Archaea [J]. *Methods in Enzymology*. 2005, 397: 428-442.

[123] Wilkins D, Lu X, Shen Z, et al. Pyrosequencing of *mcrA* and Archaeal 16s rRNA Genes Reveals Diversity and Substrate Preferences of Methanogen Communities in Anaerobic Digesters [J]. *Applied and Environmental Microbiology*. 2015, 81 (2): 604-613.

[124] 郭晓慧, 吴伟祥, 韩志英, 等. 嗜酸产甲烷菌及其在厌氧处理中的应用 [J]. 应用生态学报. 2011, 22 (2): 537-542.

[125] Kotsyurbenko O R, Friedrich M W, Simankova M V, et al. Shift from Acetoclastic to H-2-Dependent Methanogenes is in a West Siberian Peat Bog at Low pH Values and Isolation of an Acidophilic Methanobactetium Strain [J]. *Applied and Environmental Microbiology*. 2007, 73 (7): 2344-2348.

[126] Estevez-Canales M, Kuzume A, Borjas Z, et al. A Severe Reduction in the Cytochrome C Content of Geobacter Sulfurreducens Eliminates its Capacity for Extracellular Electron Transfer [J]. *Environmental Microbiology Reports*. 2015, 7 (2): 219-226.

[127] Summers Z M, Fogarty H E, Leang C, et al. Direct Exchange of Electrons Within Aggregates of an Evolved Syntrophic Coculture of Anaerobic Bacteria [J]. *Science*. 2010, 330 (6009): 1413-1415.

[128] Lovley D R. Live Wires: Direct Extracellular Electron Exchange for Bioenergy and the Bioremediation of Energy-Related Contamination [J]. *Energy & Environmental Science*. 2011, 4 (12): 4896-4906.

[129] Lovley D R, Holmes D E, Nevin K P. Dissimilatory Fe (Ⅲ) and Mn (Ⅳ) Reduction [M]. Advances in Microbial Physiology, Poole R K, LONDON: ACADEMIC PRESS LTD-ELSEVIER SCIENCE LTD, 2004: 49, 219-286.

[130] Li H, Chang J, Liu P, et al. Direct Interspecies Electron Transfer Accelerates Syntrophic Oxidation of Butyrate in Paddy Soil Enrichments [J]. *Environmental Microbiology*.

2015，17（5）：1533-1547.

[131]　李莹，郑世玲，张洪霞，等．产甲烷分离物中 Clostridium spp. 与 Methanosarcinabark-eri 潜在的种间直接电子传递 [J]．微生物学通报．2017，44（3）：591-600.

[132]　Park H S，Kim B H，Kim H S，et al. A Novel Electrochemically Active and Fe（Ⅲ）-Reducing Bacterium Phylogenetically Related to Clostridium Butyricum Isolated From a Microbial Fuel Cell [J]．*Anaerobe*．2001，7（6）：297-306.

[133]　Jabeen M，Zeshan，Yousaf S，et al. High-Solids Anaerobic Co-Digestion of Food Waste and Rice Husk at Different Organic Loading Rates [J]．*International Biodeterioration* & *Biodegradation*．2015，102（SI）：149-153.

[134]　Nagao N，Tajima N，Kawai M，et al. Maximum Organic Loading Rate for the Single-Stage Wet Anaerobic digestion of Food Waste [J]．*Bioresource Technology*．2012，118：210-218.

[135]　Moeller L，Zehnsdorf A. Process Upsets in a Full-Scale Anaerobic Digestion Bioreactor：Over-Acidification and Foam Formation during Biogas Production [J]．*Energy*，*Sustainability and Society*．2016，6（1）．

[136]　Moeller L，Rsch K G. Foam Formation in Full-Scale Biogas Plants Processing Biogenic Waste [J]．*Energy*，*Sustainability and Society*．2015.

[137]　张珏，邢保山，马春，等．厌氧消化泡沫形成的影响因素探究 [J]．化工进展．2013，32（5）：1152-1156.

[138]　Kragelund C，Levantesi C，Borger A，et al. Identity，Abundance and Ecophysiology of Filamentous Chloroflexi Species Present in Activated Sludge Treatment Plants [J]．*Fems Microbiology Ecology*．2007，59（3）：671-682.

[139]　王萍，余志晟，齐嵘，等．丝状细菌污泥膨胀的 FISH 探针研究进展 [J]．应用与环境生物学报．2012，18（4）：705-712.

[140]　Ganidi N，Tyrrel S，Cartmell E. Anaerobic Digestion Foaming Causes- A Review [J]．*Bioresource Technology*．2009，100（23）：5546-5554.

[141]　张媛媛．好氧预处理对填埋垃圾的降解加速和污染削减效应研究 [D]．北京：清华大学，2012.

[142]　Siddiqui A A，Richards D J，Powrie W. Biodegradation and Flushing of MBT Wastes [J]．*Waste Management*．2013，33（11）：2257-2266.

[143]　De Gioannis G，Muntoni A，Cappai G，et al. Landfill Gas Generation after Mechanical Biological Treatment of Municipal Solid Waste. Estimation of Gas Generation Rate Constants [J]．*Waste Management*．2009，29（3）：1026-1034.

[144]　倪哲．生活垃圾好氧-厌氧-好氧三段式反应器填埋调控机制研究 [D]．清华大学，2017.

[145]　赵卫兵，汪家权，胡淑恒，等．城市垃圾生物干化最佳工艺参数的优化研究 [J]．环境工程．2015，33（08）：97-100.

[146]　Zhang D，He P，Jin T，et al. Bio-drying of Municipal Solid Waste with High Water Content by Aeration Procedures Regulation and Inoculation [J]．*Bioresource Technology*．

2008，99（18）：8796-8802.

[147] He P，Tang J，Zhang D，et al. Release of Volatile Organic Compounds during Bio-Drying of Municipal Solid Waste ［J］. *Journal of Environmental Sciences*. 2010，22（5）：752-759.

[148] 袁京，张地方，李赟，等. 外加碳源对厨余垃圾生物干化效果的影响 ［J］. 中国环境科学. 2017，37（02）：628-635.

[149] 陈峰，陈丹，胡勇有. 垃圾高温好氧生物干化效果的影响因素分析 ［J］. 环境工程：2020，38（1）141-145.

[150] 李春萍，黄乐，吴学谦. 垃圾热干化效率及臭气排放特性研究 ［J］. 环境工程. 2016，34（07）：98-101.

[151] 霍婧，崔志广. 加快推动水泥窑协同处置生活垃圾工作的思考 ［J］. 工业技术创新. 2019，06（04）：91-94.

[152] 陈勇，余明江，胡梦楠，等. 水泥窑协同处置生活垃圾对氯离子含量的影响 ［J］. 水泥. 2018（09）：39-43.

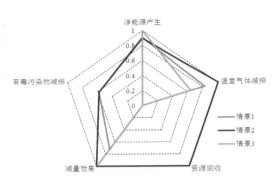

图 4.5 三种垃圾处理情景的对比

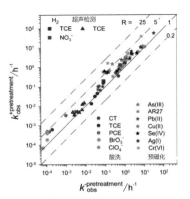

图 5.1 不同零价铁预处理方式对各种污染物去除效率的影响

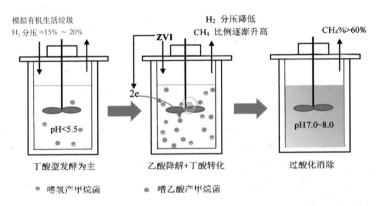

图 5.13 零价铁消除高负荷厌氧消化中"过酸化"机理示意图

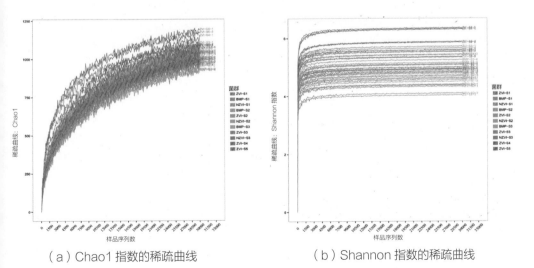

（a）Chao1 指数的稀疏曲线　　（b）Shannon 指数的稀疏曲线

图 6.4 Chao1 指数和 Shannon 指数的稀释曲线

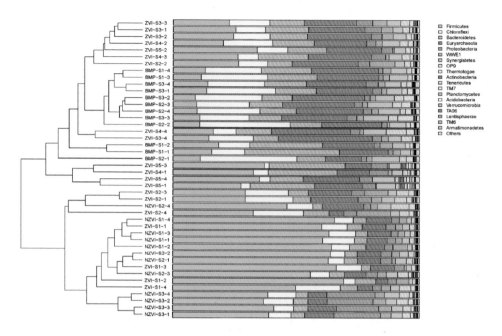

图 6.6 44 个样本间细菌群落的相似程度

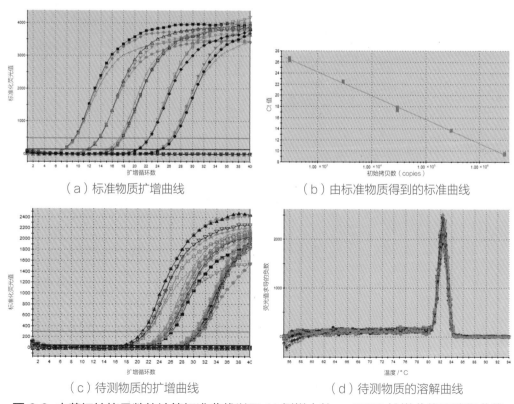

（a）标准物质扩增曲线

（b）由标准物质得到的标准曲线

（c）待测物质的扩增曲线

（d）待测物质的溶解曲线

图 6.9 古菌初始拷贝数的计算标准曲线以及 11 例样本的 q-PCR 扩增曲线和溶解曲线

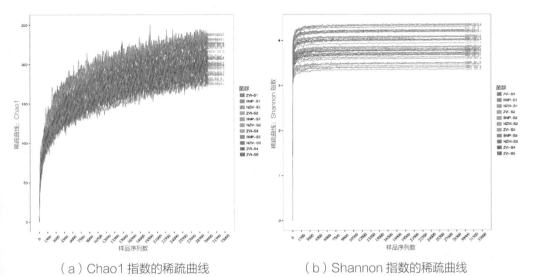

（a）Chao1 指数的稀疏曲线　　　　　　（b）Shannon 指数的稀疏曲线

图 6.11　古菌群落 Chao1 指数和 Shannon 指数的稀释曲线

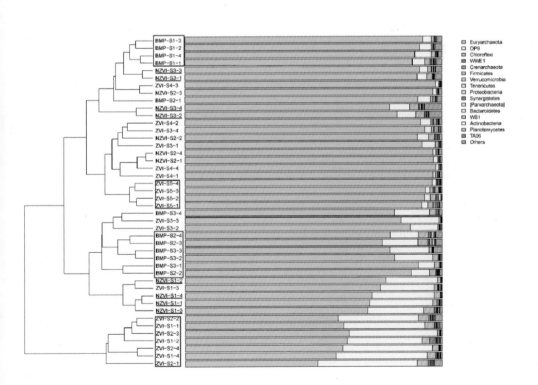

图 6.13　44 个样本间古菌群落相似程度

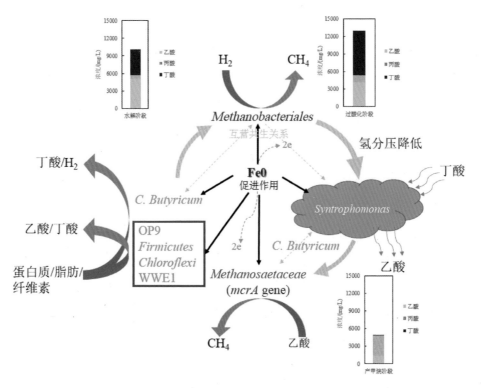

图 6.16 零价铁为核心的反应器微生物群落调控机制

注: *Methanobacteriales*—甲烷杆菌; *Methanosaetaceae*—甲烷丝状菌; *Syntrophomonas*—互营单胞菌; *C. Butyricum*—丁酸梭菌; *Firmicutes*—厚壁菌; *Chloroflexi*—绿弯菌; *mcrA gene*—*mcrA* 功能基因

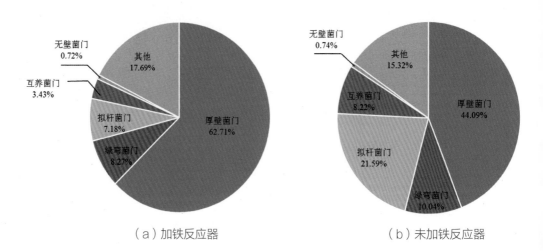

图 7.7 反应器细菌群落门水平组成